致密砂岩气藏
产水机理与提高采收率对策

高树生　叶礼友　刘华勋　朱文卿　熊　伟　著

内 容 提 要

本书基于作者团队十余年来对致密砂岩气藏产水机理和提高采收率的研究成果编写而成，主要内容包括致密砂岩气藏地质与开发特征、致密砂岩气藏储层微观特征、致密砂岩气藏储层产水机理、致密砂岩气藏采收率影响因素分析、致密砂岩气藏采收率模型与评价方法、致密砂岩气藏防水技术与应用、致密砂岩气藏井网优化方法与致密砂岩气藏开发方案优选数值模拟等，涵盖了致密砂岩气藏开发的关键理论与技术。

本书可作为从事致密砂岩气藏勘探开发科研人员及等高石油院校相关专业师生的参考用书。

图书在版编目（CIP）数据

致密砂岩气藏产水机理与提高采收率对策／高树生
等著． — 北京：石油工业出版社，2019.1
ISBN 978-7-5183-2985-4

Ⅰ.①致… Ⅱ.①高… Ⅲ.①致密砂岩-砂岩油气藏
-提高采收率-研究 Ⅳ.①TE343

中国版本图书馆 CIP 数据核字（2018）第 242496 号

出版发行：石油工业出版社
（北京安定门外安华里 2 区 1 号　 100011）
网　　址：www. petropub. com
编辑部：（010）64210387
图书营销中心：（010）64523633
经　　销：全国新华书店
印　　刷：保定彩虹印刷有限公司

2019 年 1 月第 1 版　 2019 年 1 月第 1 次印刷
787×1092 毫米　 开本：1/16　 印张：13
字数：320 千字

定价：108.00 元
（如出现印装质量问题，我社图书营销中心负责调换）

前　言

致密砂岩气在全球分布广泛，资源潜力巨大。我国致密砂岩气技术可采资源量为 $9.2 \times 10^{12} \sim 13.4 \times 10^{12} m^3$，探明（基本探明）地质储量与年产量都在逐年增加。苏里格气田与四川盆地须家河组气藏是我国致密砂岩气藏的代表。苏里格气田储量巨大、产量占比高，对于我国天然气增储、上产意义重大。截至 2015 年底，苏里格气田累计探明天然气地质储量 $4.46 \times 10^{12} m^3$，且连续 9 年每年新增探明地质储量超过 $5000 \times 10^8 m^3$，连续 4 年产量稳产在 $230 \times 10^8 m^3$ 以上，不论是储量还是产量都是我国目前最大的天然气气田，仅居其次的四川盆地须家河组气藏基本探明储量也超过 $1 \times 10^{12} m^3$。因此，致密砂岩气藏的高效开发对于我国天然气战略实施具有重要意义。

致密砂岩气藏既有大面积分布连续型气藏，也有常规圈闭气藏；埋藏深度有深有浅；地层温度有高有低；地层压力有异常高压，也有异常低压；储层产状既有层状，也有透镜状；孔隙度有高有低；有的均质，有的非均质；有的产水，有的不产水；储层中有的发育裂缝，也有不发育裂缝；气源有热成因，也有生物成因。气藏没有绝对统一的形式，需要因地制宜开发。

目前国内发现的大型致密砂岩气藏多属于微构造背景下的岩性气藏，多为先致密后成藏，近源成藏作用明显，油气聚集主要受岩性等非背斜圈闭控制，普遍具有广覆式生烃、弥漫式充注特征，主要分布在平缓凹陷及斜坡，大面积连续分布，一般无明显边界，无边底水或仅局部存在，储量丰度偏低，理论上无真正意义上的干井，但是存在干层。气田开发过程中普遍具有单井控制储量少、产能低、产水严重、产量递减快、稳产困难等生产特征，多井低产是气藏开发的主要特征，苏里格气田就是这类气藏的典型代表。

气藏衰竭开发特征显示：束缚水状态下的单相气体渗流，由于渗流阻力小，气井的初期产量高、稳产时间长，采收率一般都比较高，采出程度取决于气藏的废弃压力，开发难度小。由此可见，孔隙度小、渗透率低并不是致密砂岩气藏开发困难、效益低下的主要原因，产水才是决定其开发效果的关键因素。但是致密砂岩气藏一般含水饱和度比较高，且大部分存在可动水，在气藏开发过程中由于压裂沟通、生产压差增加都会导致可动水流动，从而产生气水两相渗流，进而导致以下 2 种结果：一是气体渗流阻力较单相流大大增加，流量明显降低；二是伴随着气体流量的减小，近井地带含水饱和度增加、井筒积液、废弃压力增加，最终导致气井提前报废。由此可见，水是影响致密砂岩气藏开发难易和最终采收率高低的关键因素。此外，井网密度对气藏采收率也有重要影响。致密砂岩气藏由于储层渗透率极低、含水饱和度高和产水的影响，导致井控范围有限、动态控制储量低，要求较大的井网密度进行开发，在尽可能多的控制气藏可采地质储量的同时又尽量降低井间干扰，从而实现采出程度和经济效益最大化。

本书着眼于提高致密砂岩气藏采收率，从影响气藏采收率的可动水与井网密度两个关键因素入手，重点开展了以下 6 个方面的研究工作：（1）致密砂岩气藏储层微观孔隙结构特征及其分布规律，明确储层多孔介质孔喉半径的大小及其分布特征；（2）致密砂岩气藏储层产水机理及可动水测试评价方法，揭示储层产水机理及其影响因素，论证描述产水可能性及产水量大小的可动水饱和度评价参数；（3）致密砂岩气藏气水层识别方法及相应的防水、控水技术，建立考虑可动水饱和度的气水层识别新方法，根据气水层识别结果和产水动态预测，提出相应的预防与治理产水对策；（4）致密砂岩气藏采收率影响因素研究，开展大量的室内物理模拟实验，分析评价渗透率、含水饱和度、废弃压力等6个主要参数对于致密砂岩气藏采收率的影响，结合数值模拟敏感性分析，明确不同参数对于采收率的影响，建立致密砂岩气藏采收率多参数综合评价方法；（5）致密砂岩气藏的井网优化与采收率评价，根据大量气井的生产动态数据统计，建立井网密度与干扰概率之间的关系及采收率评价模型，开展井网密度优化与采收率评价，预测气田的开发效果；（6）致密砂岩气藏开发方案优选数值模拟，根据气水层识别结果和产水层气水两相的渗流特征以及井网密度优化结果，运用Eclipse数值模拟软件开展多种开发方案的优选，提出最佳开发方案。

　　本书的研究团队致力于致密砂岩气藏提高采收率基础与应用研究十余年，在储层微观特征认识、渗流机理与渗流规律研究方面具有丰富的经验。本书针对致密砂岩气藏采收率低的问题，整合了笔者十余年的研究成果撰写而成，对于我国致密砂岩气藏的合理、有效开发能提供一定的帮助。由于笔者水平有限，书中不当之处在所难免，还请读者不吝指正。

目 录

第一章 致密砂岩气藏地质与开发特征

第一节 苏里格气田地质与开发特征

苏里格气田位于长庆靖边气田西侧的苏里格庙地区，行政区域隶属于内蒙古自治区鄂尔多斯市乌审旗、鄂托克旗和鄂托克前旗。勘探范围西起内蒙古鄂托克前旗，东至桃利庙，北抵鄂托克旗的敖包加汗，南至陕西安边，勘探面积约 $4×10^4km^2$，是目前中国陆上第一特大型气田。主力产气层为下二叠统山西组山 1 段至中二叠统下石盒子组盒 8 段，埋藏深度为 3200~3500m，厚度为 80~100m，为砂泥岩地层，是一个致密、低压、低丰度，以河流砂体为主体，储层大面积分布的岩性气藏[1]（图 1-1-1）。

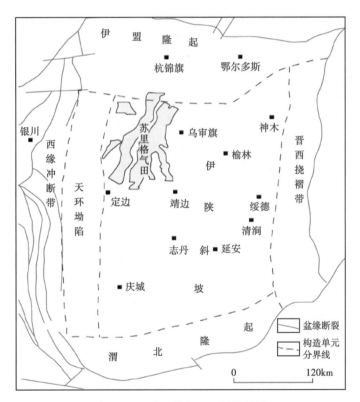

图 1-1-1 苏里格气田区域位置图

苏里格气田的开发经历了 2001—2005 年的短期试采、评价井钻探、地震采集处理攻关和先导性开发试验的评价阶段[2]，2006—2013 年的开发井网加密调整、井型转变、合作开发模式及相应配套技术的上产阶段，以及 2014 年产量达到 $235×10^8m^3$ 的稳产阶段，截至 2016 年底，苏里格气田累计投产井超过了 10000 口，水平井 1000 口左右，日产气水平为 $6400×10^4~6500×10^4m^3$，历年累计生产天然气 $1450×10^8m^3$。

1

苏里格气田主要含气层段为下石盒子组的盒8段和山西组的山1段。盒8段主要为灰白色中—粗粒石英砂岩和岩屑质石英砂岩，地层厚度相对稳定，变化不大（30~42m），可分为上下两个厚度大致相等的旋回。山1段以分流河道沉积的砂泥岩为主，砂岩由中—细粒岩屑砂岩、岩屑质石英砂岩组成，厚度30m左右。

一、构造特征

鄂尔多斯盆地总体构造面貌为南北走向，呈东缓西陡的不对称箕状向斜。根据基底性质、地质演化历史和构造特征，盆地内可划分为：伊盟隆起、渭北隆起、晋西挠褶带、伊陕斜坡、天环坳陷和西缘冲断带6个构造单元，苏里格气田位于伊陕斜坡的西北侧（图1-1-1）。

苏里格气田主要产气层二叠系石盒子组盒8下亚段为一宽缓的西倾单斜构造，坡降为3~10m/km；单斜背景上发育多排北东—南西走向的低缓鼻隆，幅度为10~20m。天然气分布主要受砂体和物性控制，为岩性气藏。

二、开采层位

苏里格气田上古生界自下而上发育有石炭系本溪组、二叠系山西组、下石盒子组、上石盒子组和石千峰组。总沉积岩厚度在700m左右，其主要含气层段和产气区开采层位位于山西组和下石盒子组，主力层位是盒8段砂岩地层。

三、有效砂体分布特征

由于苏里格地区盒8段沉积环境主要是辫状河三角洲，砂体发育的分流河道在东西向摆动、迁移、交叉、复合的现象较为频繁，因此，由沉积环境导致形成的单砂体在层段上的分布变化很大，其特征表现为单砂体较小而分散。苏里格气田盒8段砂层的砂岩体主要形态为条带状、透镜状。由于辫状河道侧向迁移性强，造成多个砂体纵向上相互叠置，形成宽条带状、大面积连片分布的复合砂体，因此砂体的钻遇率和砂岩密度值均较高。但是由于该区储层条件复杂，并非所有连片砂岩均可形成有效储层，有效储层仅为砂岩体中粗岩相带。

从苏6井区来看，在辫状河砂岩大面积分布的背景下有效砂体的分布具有很强的非均质性，分布局限，连续性和连通性差，横剖面上主要有3种有效砂体叠置模式：（1）有效砂体以心滩类型为主，分布为孤立状，横向分布局限，宽度为300~500m（图1-1-2）；（2）心滩与河道下部粗岩相相连，主砂体宽度仍为300~500m，薄层粗岩相延伸较远，并有

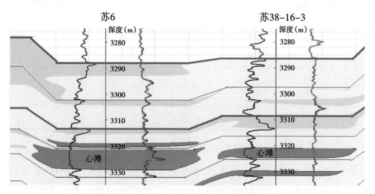

图1-1-2　有效砂体孤立状分布

可能沟通其他主砂体（图 1-1-3）；（3）心滩横向切割相连，局部可连片分布，有效砂体连通规模可达 1km 以上[3]（图 1-1-4）。

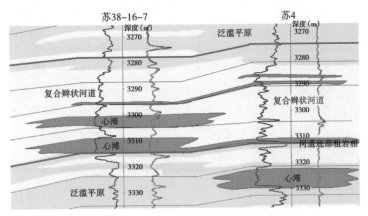

图 1-1-3　心滩与河道充填有效砂体侧向连通

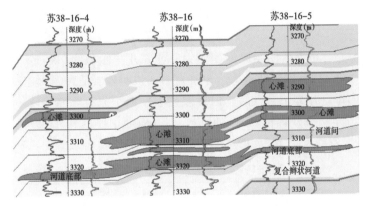

图 1-1-4　心滩横向切割，有效砂体规模较大

从苏 6 井区小层解剖图研究发现：各井钻遇的有效砂层多呈孤立状态分布，彼此间大体并不连通，这与沉积微相研究所提供的结果是一致的，也为气井试井解释成果所验证。对苏里格气田气井试井解释认为单井控制有效砂体几何形态主要表现为两区复合、平行边界和矩形 3 种形式（图 1-1-5、表 1-1-1），供气范围小，边界在几十米至几百米范围内，单井控制储量低。

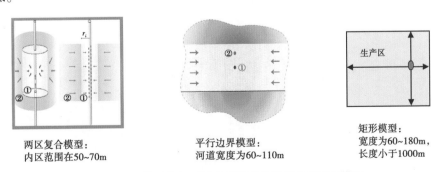

图 1-1-5　苏里格气田试井解释有效砂体几何形态模型

根据庄惠农教授解释结果：苏 4、苏 5、苏 10、桃 5 四口井为矩形边界，矩形平均长1800m、宽140m，控制面积 0.25km²。2003 年 7 月道达尔公司的解释结果认为：单井控制有效砂体为条带状，部分砂体封闭，部分砂体与外部高渗透区相连，砂体宽度为 30~200m，长度 600m 以上。

表 1-1-1　苏里格气田试井解释成果表

项 目	苏 40-16	苏 35-15	苏 39-17	苏 37-15	苏 33-18	苏 38-16	桃 5	苏 4
模型类型	压裂+圆形两区复合	压裂+圆形两区复合	压裂+平行边界	压裂+平行边界	压裂+平行边界	压裂+平行边界	压裂+矩形边界	压裂+矩形边界
K_1（mD）	0.814	0.069	0.094	0.391	0.25	0.31	3.48	0.5
K_2（mD）	0.037	0.0023	—	—	—	—	—	—
平行边界 L_1（m）	—	—	60	41.5	21	49	28	130
平行边界 L_3（m）	—	—	49	66.7	32	32	28	50
内区半径 $r_{1,2}$（m）	49	68.5	—	—	—	—		
拟合压力 p_i（MPa）	32.17	30.5	31.657	29.95	30	30.1	29.55	28.4
备注							2200m 2500m	500m 250m

砂层大面积分布，但有效储层厚度变化大，苏 6 井区面积约 200km²，根据钻井地质统计资料来看（表 1-1-2），砂岩钻遇率达 80% 左右，说明砂岩是大面积连片分布的。对于有效储层，尽管区内每口井都钻遇气层，但有效砂岩钻遇率只有 30% 左右，有效层在单井中一般为 1~3 层，几乎所有井都钻遇有效储层，但有效储层厚度变化较大，厚的近 20m，薄的不足 3m，单井有效厚度小于 5m 的层约占 30%（图 1-1-6）。

表 1-1-2　苏 6 井区砂岩钻遇率统计表

储层段	盒 8 上亚段			盒 8 下亚段			山 1 段		
小层	1	2	3	4	5	6	1	2	3
砂岩厚度（m）	6.47	7.29	4.92	7.14	7.2	6.8	7.36	8.11	4.44
砂岩钻遇率（%）	72.4	79.3	69.0	93.1	96.6	96.5	68.9	82.8	65.5
有效砂岩厚度（m）	2.00	2.10	3.78	4.02	2.66	2.99	3.12	3.33	4.14
有效砂岩钻遇率（%）	3.4	27.6	13.8	44.8	58.6	55.2	31.0	41.4	17.2

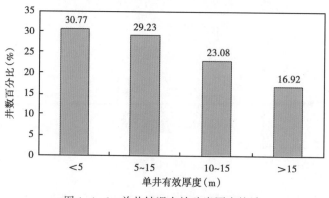

图 1-1-6　单井钻遇有效砂岩厚度统计

四、储层特征

苏里格气田主力产层二叠系石盒子组为低渗透、低丰度、大面积分布的岩性气藏，总体上看属于典型的低孔隙低渗透气层。大量岩心分析表明，盒8段储层的砂岩孔隙度主要分布在5%~12%，平均值为8.95%；渗透率主要分布在0.06~2mD，平均值为0.735mD（图1-1-7）。山1段储层的砂岩孔隙度一般在5%~11%，平均值为8.5%；渗透率一般在0.065~1.0mD，平均值为0.589mD（图1-1-8）。

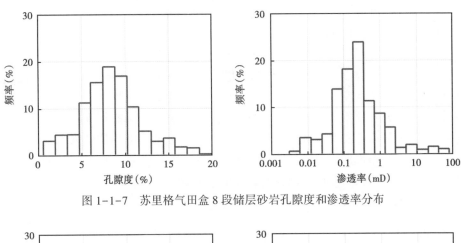

图1-1-7 苏里格气田盒8段储层砂岩孔隙度和渗透率分布

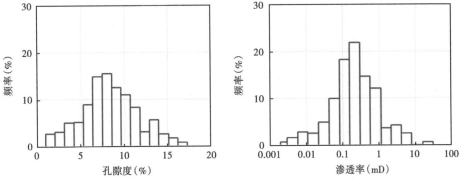

图1-1-8 苏里格气田山1段储层砂岩孔隙度和渗透率分布

通过储层的综合研究，主要利用孔隙度、渗透率结合孔隙结构参数、砂岩含气性和动态特征等参数（表1-1-3），将苏里格气田砂岩分为Ⅰ类、Ⅱ类、Ⅲ类和Ⅳ类4种类型。Ⅰ类为相对高孔隙、高渗透储层，占统计总砂岩的7%左右；Ⅱ类为中等储层，占统计总砂岩的13%左右；Ⅲ类是差储层，占统计总砂岩的35%左右；Ⅳ类为非储层，占砂岩的45%左右。

表1-1-3 储层分类特征值

储层类型	分类标准					储层评价
	主要孔隙类型	孔隙度（%）	渗透率（mD）	排驱压力（MPa）	中值喉道半径（μm）	
Ⅰ类	粒间孔、粒间溶孔，连通性好	>10	>0.81	0.03~0.42	0.3~3.1	好
Ⅱ类	局部溶蚀粒（内）间孔，残余粒间孔	7~10	0.1~0.81	0.31~1.21	0.17~0.23	中等

储层类型	分类标准					储层评价
	主要孔隙类型	孔隙度（%）	渗透率（mD）	排驱压力（MPa）	中值喉道半径（μm）	
Ⅲ类	粒间微孔及晶间孔，连通性差	5~7	0.03~0.1	0.62~2.43	0.02~0.10	差
Ⅳ类	只有晶间微孔，基本不连通	<5	<0.03	1.43~2.59	0.02~0.17	非储层

Ⅰ类砂岩储层（高产气层）：孔隙度大于 10%，该类储层的无阻流量可超过 $10×10^4 m^3/d$。

Ⅱ类砂岩储层：孔隙度为 7%~10%。该类储层的无阻流量为 $5×10^4 ~ 10×10^4 m^3/d$。

Ⅲ类砂岩储层：孔隙度为 5%~7%。该类储层不能单独作为产层，但与Ⅰ类、Ⅱ类储层接触叠置时，在低压开采形成一定的压差时可向Ⅰ类、Ⅱ类储层有一定程度的供气。

Ⅳ类砂岩储层：孔隙度小于 5%，为非储层。

苏里格气田是一个低压、低渗透、低丰度、大面积分布的岩性气藏，进入开发评价阶段以来，新钻的一批开发评价井和先导性开发试验以及气井生产动态特征资料证实，苏里格气田的地质情况十分复杂，主要表现为：砂岩发育，但有效砂岩非均质性强，横向变化大，厚度较薄，在垂向上分布也比较分散，给储层预测带来了很大难度；试气、试采过程中气井产量低、地层压力下降快，后期压力恢复慢，反映单井控制储量低。这些不利因素给苏里格气田的经济开发带来了很大的挑战。

五、压力特征

苏里格气田主要产气层为下石盒子组盒 8 段，地层压力在平面上变化较大，整体表现为自西向东由低到高分布（图 1-1-9）。苏里格气藏地层压力整体偏低，区块内 16 口井实测

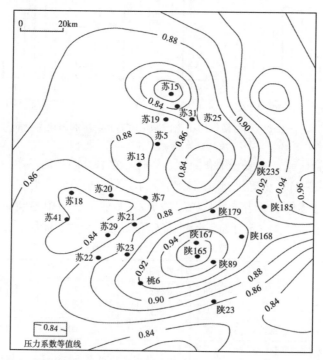

图 1-1-9　鄂尔多斯盆地中部气田下石盒子组盒 8 段地层压力系数分布图

压力数据计算地层压力系数为 0.66~0.90，以低压和异常低压为主，压力系数随埋深增加而逐渐增大。

第二节　川中须家河组气藏地质与开发特征

川中油气区位于四川盆地中部，地域上以南充市为中心，东起华蓥山，西至龙泉山，南到合川、大足一带，北至仪陇、平昌的广大区域，矿权面积约为 $4×10^4 km^2$。按四川盆地构造分区，主要属于"川中古隆中斜平缓构造带"，北边部分地区跨入"川北古中坳陷低缓带"，东西分别以华蓥山和龙泉山基底大断裂为界，南抵"川南古凹中隆构造区"，北至大巴山前缘地区。川中地区基底为刚性强磁性结晶基底，是四川盆地中最为稳定的地区，由西北向东南具有构造埋深逐渐变浅、断层发育减少、褶皱平缓的特点。其对川中后来的沉积及古构造演化起着明显的控制作用，并对川中地区的烃源岩、储层发育、油气聚集产生了巨大影响[4]。

川中地区须家河组纵向上可划分为六段，其中须二段、须四段、须六段以砂岩为主，夹少量黑色页岩及薄煤线，须一段、须三段、须五段为黑色页岩夹细砂岩、粉砂岩及灰质粉砂岩和钙质页岩，川中东南部大部分地区缺失须一段，仅在局部洼地有须一段存在。部分地区须六段顶部遭剥蚀，须家河组顶与上覆珍珠冲段呈整合或假整合接触。川中地区须家河组总厚度为 500~997m，大部分地区厚度为 400~600m，川中西北部八角场、金华、蓬莱一带，地层厚度较大，总厚度大于 700m，总体趋势具有由西北向东南减薄的特点。

须二段、须四段、须六段是须家河组的主要储层发育段，在不同的区域，由于受沉积微相及后期成岩作用的影响，发育程度不同，储层发育段在纵向和横向分布上存在差异。

一、构造特征

广安气田地面构造简单完整，断层不发育。构造主体呈北西西向，为一平缓的低丘状长轴背斜构造，两翼不对称，构造闭合面积大，隆起幅度较高。沙二段底界构造圈闭面积 $250.4 km^2$，闭合高度 380m，构造东端圆而宽，倾角约 1°30′，西端瘦而尖且延伸远，倾没角约 1°。由于受北东向华蓥山构造带的影响，致使两翼鼻状发育，北翼有义兴场和石笋河鼻突，南翼有泰山场鼻突（图 1-2-1）。

由于受多期构造应力的作用，构造翼部发育多组鼻突构造。构造南翼发育有泰山场鼻突，呈近南北向，向南延伸至杨家湾附近，与罗渡溪构造北倾没端斜鞍相接；构造北翼发育回龙场、井溪寺—双石寨和恒升场—石寨子 3 个鼻突。其中以井溪寺—双石寨鼻突最大，从义兴场以北延伸至双石寨，连亘 12km 左右。

工区内大兴场构造须六¹ 亚段顶界构造高点位于广 51 井与广 19 井之间，高点海拔-1310m；最低圈闭线海拔-1460m，闭合高度 150m，闭合面积 $50.88 km^2$，部分圈闭面积处于工区以外。

二、开采层位

广安气田须家河组地层层序归属于中生界三叠系上统，与下伏三叠系中统雷口坡组雷四段不整合接触，与上覆侏罗系自流井组珍珠冲段假整合接触，厚度较为稳定（465.5~

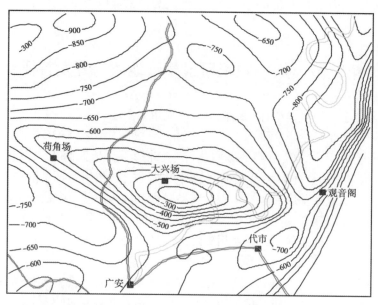

图 1-2-1　四川盆地广安气田须家河组底构造图（单位：m）

527m），埋深为 1800~2500m（表 1-2-1）。广安地区须家河组可以根据地层岩性组合、电性特征自下而上划分为六段。其中须一段、须三段、须五段为湖沼相沉积，沉积以黑色页岩

表 1-2-1　广安气田地层层序简表

系	统	组	段	层位代号	厚度（m）	岩性岩相简述
侏罗系	中统	沙溪庙组	沙二段	J_2s^2	800~1000	紫红色泥岩为主，夹块状灰色含长石石英砂岩、泥质粉砂岩
			沙一段	J_2s^1	211~466	紫黑色泥岩为主，夹块状灰色长石石英砂岩，底部砂岩有油显示。顶为黑色叶肢介页岩
	下统	凉高山组		J_1l	56~140	灰色石英砂岩、细砂岩夹黑色页岩
		自流井组	过渡层	J_1g	7~15	紫红色泥岩
			大安寨段	J_1dn	70~90	褐灰色介壳灰岩夹黑色页岩
			马鞍山段	J_1m	83~100	紫红色、暗紫红色泥岩及灰色石英粉砂岩
			东岳庙段	J_1d	10~38	黑灰色页岩，底为褐灰色介壳灰岩和石英粉砂岩
			珍珠冲段	J_1z	69~149	灰绿色泥页岩夹灰色石英粉砂岩
三叠系	上统	须家河组	须六段	T_3x^6	41~294	上部灰黑色页岩及煤线，部分含硅质砂岩；下部为浅灰色中粒、中—粗粒长石岩屑砂岩和岩屑砂岩
			须五段	T_3x^5	97~150	灰黑色页岩、碳质页岩夹灰色粉砂岩及薄煤层
			须四段	T_3x^4	78~118	灰白色中—细粒砂岩，夹薄层黑色页岩及煤线
			须三段	T_3x^3	40~69	灰黑色泥页岩夹灰色粉砂岩，局部夹煤线
			须二段	T_3x^2	75~132	灰白色细—中粒砂岩为主，夹薄层黑色泥岩
			须一段	T_3x^1	0~25	黑灰色页岩、砂质页岩为主夹薄层粉砂岩
	中统	雷口坡组	雷四段	T_2l^4	0~70	深灰色泥质云岩夹薄层深灰色灰岩

和泥质粉砂岩为主，夹薄层煤或煤线的岩性组合，是须家河组的主要生油气层系及各含油气层系的直接盖层。须二段、须四段、须六段为滨浅湖—三角洲前缘—三角洲平原相沉积，沉积以灰色、灰白色细—中—粗粒长石岩屑砂岩、岩屑砂岩和长石石英砂岩为主，夹薄层黑色页岩及煤线的岩性组合，是须家河组的主要储层，其中须六段为本区主要产气层段。

广安气田须六段根据岩性组合特征可分为上、下2个亚段，即须六^{2}亚段和须六^{1}亚段。须六^{2}亚段以黑色页岩、碳质页岩、砂质页岩夹浅灰色、灰色、深灰色细—粉粒岩屑砂岩、岩屑石英砂岩为主；须六^{1}亚段以灰白色、浅灰色、灰色中—粗粒长石岩屑砂岩、岩屑砂岩为主夹薄层黑色页岩、灰色—深灰色细粉粒岩屑砂岩、长石岩屑砂岩及煤线，为储层主要发育段，目前气井产层均属于该亚段。

须六^{1}亚段内有各井之间基本可以对比的2个隔层，将须六^{1}亚段分为3套砂层组。隔层岩性以泥岩、粉砂岩为主，部分井区为致密砂岩，厚度一般为1~3m，厚者可超过10m。

三、储层特征

1. 孔隙度

根据21口井须六段储层岩心样品统计，孔隙度为6.00%~15.55%，平均值为8.97%，孔隙度频率分布主要在6%~12%，属中—低孔隙度储层（图1-2-2）。

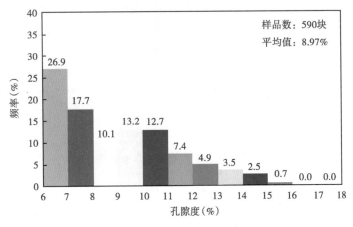

图1-2-2 广安气田须六段储层孔隙度分布直方图

2. 渗透率

储层岩心渗透率主要分布在0.01~5.0mD，平均值为0.238mD，渗透率低于0.1mD的占62.37%，属低渗透—特低渗透储层（图1-2-3）。

3. 含水饱和度

须六段储层常规岩心含水饱和度主要分布在30%~90%，平均值为54.99%，含水饱和度较高（图1-2-4）。广安108井在须六段储层1935.17~1957.09m进行了密闭取心，地层条件下含水饱和度最高值为67.8%，最低值为44.7%，平均值为52.8%（图1-2-5），可见须六段储层含水饱和度高。

4. 孔隙度与渗透率的相关性

广安气田须六段储层裂缝不发育，仅在局部井区和层段见有裂缝，多分布于致密层段，岩心样品孔隙度和渗透率总体上存在正相关关系。在孔隙度小于6%的非储层区间关系较为

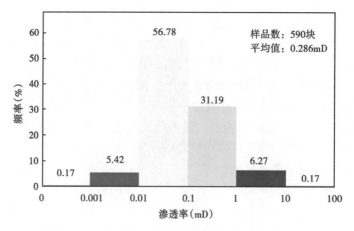

图 1-2-3　广安气田须六段储层渗透率分布直方图

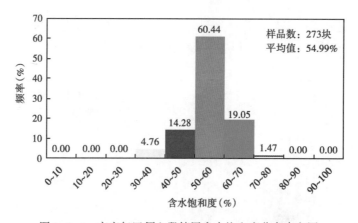

图 1-2-4　广安气田须六段储层含水饱和度分布直方图

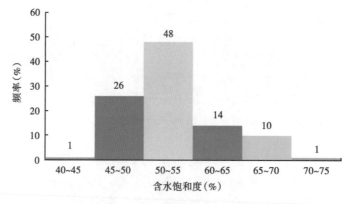

图 1-2-5　广安 108 井储层段密闭取心含水饱和度直方图

紊乱，反映出致密段有少量微裂缝发育；孔隙度大于 6% 的储层的孔隙度和渗透率正相关关系明显，反映出孔隙型储层特征（图 1-2-6）。

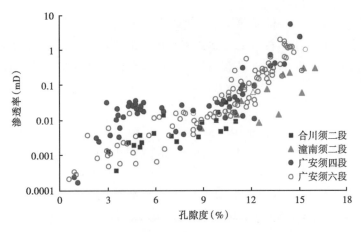

图 1-2-6　须家河组岩心孔隙度与渗透率关系图

5. 储层分类评价

根据岩石特征、成岩相、物性参数、岩心压汞实验结果和孔隙结构参数分类特征，可以将储层分为 3 类[5]（表 1-2-2）。

表 1-2-2　广安地区须六段储集岩分类表

类别	岩石类型	成岩相	孔隙度（%）	渗透率（mD）	排驱压力（MPa）	中值压力（MPa）	中值喉道半径（μm）
Ⅰ类	中—细粒长石岩屑砂岩	溶蚀成岩相	≥12	≥0.25	0.0739~0.46	1.74~5.64	0.13~0.42
Ⅱ类	细粒长石岩屑砂岩、中粒岩屑砂岩	溶蚀成岩相	9~12	0.085~0.25	0.46~1.17	3.26~8.9	0.0825~0.29
Ⅲ类	细粒长石岩屑砂岩、细粒岩屑砂岩	弱溶蚀成岩相	6~9	0.021~0.085	1.17~1.82	4.46~23.51	0.035~0.12

Ⅰ类储集岩：毛细管压力曲线表现为粗歪度、分选好，排驱压力 0.0739~0.46MPa，中值压力为 1.74~5.64MPa，中值喉道半径为 0.13~0.42μm；孔隙度不小于 12%，渗透率以不小于 0.25mD 为主，孔喉组合为大孔粗喉。代表性岩类主要为中—细粒长石岩屑砂岩，成岩相以溶蚀成岩相为主，孔喉半径大于 0.1μm 所占的体积百分数为 68%~78%，退汞效率大于 44%。

Ⅱ类储集岩：毛细管压力曲线表现为中—粗歪度，分选较好，排驱压力为 0.46~1.17MPa，中值压力为 3.26~8.9MPa，中值喉道半径为 0.0825~0.29μm；孔隙度为 9%~12%，渗透率一般为 0.085~0.25mD，孔喉组合为中孔中喉。代表性岩类以中—细粒长石岩屑砂岩、中—粗粒岩屑砂岩为主，成岩相以溶蚀成岩相为主。孔喉半径大于 0.1μm 所占的体积百分数为 58%~73%，退汞效率大于 41%，储层储渗性中等。

Ⅲ类储集岩：毛细管压力曲线表现为细歪度，分选中等偏差，排驱压力介于 1.17~1.82MPa，中值压力为 4.46~23.51MPa，中值喉道半径为 0.035~0.12μm；孔隙度介于 6%~9%，渗透率一般为 0.021~0.085mD，孔喉组合为中孔小喉。代表性岩类主要为细粒长石岩屑砂岩、细粒岩屑砂岩，成岩相以弱溶蚀成岩相为主。孔喉半径大于 0.1μm 所占的体积百分数为 52%~60%，储层储渗性较差。

储层分类统计结果显示，优质储层主要发育在原生孔隙较好的分流河道、水下分支河道和河口坝等有利区，如处于长石含量较高的沉积体系的有利区内的广安 105—107 井区和广51—广安 2 井区 I 类、II 类储层较发育，厚度大；其余部位储层欠发育，厚度薄，物性差，I 类、II 类储层很少。

四、压力特征

广安气田须六段气藏埋深为 1730~2000m。根据 11 口井实测地层压力，折算至气藏中部海拔-1584m 处压力为 18.36~22.5MPa，压力系数为 1.02~1.09（表 1-2-3），表明气藏为常压气藏、具有相同成藏背景。平面上，井溪寺鼻突上的气井折算地层压力平均值为21.62MPa，大兴场高点的气井折算地层压力平均值为 19.09MPa，两者相差 2.53MPa。压力分布认为，大兴场构造高点与井溪寺鼻突须六段储层为不同的流动单元。

表 1-2-3　广安气田须六段气藏地层压力计算表

区域	井号	实测地层压力（MPa）	产层中部深度（m）	产层中部海拔（m）	-1584m 折算地层压力（MPa）	压力系数
大兴场高点	广 51	18.33	1757.6	-1346.5	18.64	1.04
	广安 2	19.45	1782.4	-1439.31	19.6	1.09
	广安 002-21	18.00	1733.5	-1387.21	18.36	1.04
	广安 002-35	18.99	1786	-1408.99	19.27	1.06
	广安 103	19.69	1799.6	-1494.15	19.8	1.09
	广安 115	18.72	1840.8	-1450.44	18.9	1.02
井溪寺鼻突	广安 109	21.6	2044.7	-1677.25	20.8	1.06
	广安 107	22.03	2047.2	-1564.37	22.1	1.08
	广安 108	20.88	1945	-1563.82	20.9	1.07
	兴华 1	22.65	2089	-1713.96	22.5	1.08
	广安 101	21.93	2056.2	-1660.65	21.8	1.07

第三节　致密砂岩气藏开发特征

致密砂岩气藏普遍具有孔隙度低、渗透率低、含水饱和度高、储层非均质性严重、储量丰度低、单井控制储量低的开发地质特征，由此导致致密砂岩气藏单井可采储量小、产量低、初期相对高产，但产量递减快、生产周期长、普遍伴随产水、最终采收率低的生产特征。裂缝发育的有利区或物性好的"甜点"区是致密砂岩气藏得以规模有效开发的基础，直井与水平井大规模压裂技术的应用是致密砂岩气藏经济、有效开发的保证。

一、单井开发特征

引起致密砂岩气藏单井产能差异大的原因主要有 2 个方面：一是储层非均质性，二是气井产水。如果气井开发层位物性很差（孔隙度、渗透率极低），生产过程中即使不产水，泄流半径也很小，控制储量少，渗流能力低，废弃压力很高，最终导致其产能低、采收率低；如果气井开发层位物性较好（孔隙度、渗透率较高），但是可动水饱和度较高，生产过程中很快会出现气水两相渗流的现象，一方面会引起气体渗流阻力增加，在近井地带和井筒形成积液，提高气藏废弃压力，另一方面会圈闭大量可动气体，降低气井可采储量，导致气井生产时间短、产气量低、采收率低。

1. 不产水气井开发动态

根据低渗透致密砂岩气藏开发实践统计，不产水井或产水较少（水气比小于 $1m^3/10^4m^3$）的气井产气平稳，稳产能力较强，单井累计产气量相对较高，开发效果较好。

1）直井

直井只要不产水或少量产水时，由于气体流动能力强，且无井筒积液等影响，气井仍可实现平稳生产，日产气量 $1×10^4 \sim 2×10^4m^3$，稳产期 4～6 年，最终累计产气量可达 $3000×10^4m^3$ 左右，远大于单井经济极限累计产气量，也可取得较好的开发效果。苏 75 井区典型不产水直井生产动态曲线（图 1-3-1）表明，气井日产气量 $1×10^4 \sim 2×10^4m^3$，已稳产 6 年，累计产气量达 $2800×10^4m^3$，套压仍然维持在 10MPa 左右（区块平均套压 7.5MPa），生产平稳，开发效果较好。

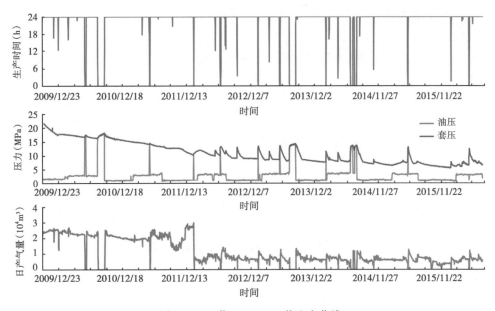

图 1-3-1　苏 75-68-28 井生产曲线

2）水平井

对于水平井来说，由于水平段有效增加泄流面积，不产水或少量产水时，日产气量能达到 $5×10^4m^3$ 左右，且可实现相对较长的稳产期（4 年左右），最终累计产气量可达 $8000×10^4m^3$ 左右，甚至更高。苏 75 井区典型不产水水平井生产动态曲线（图 1-3-2）表明，水平井日产气量 $8×10^4m^3$，已稳产 4 年，累计产气量达 $6000×10^4m^3$，套压仍然维持在 10.5MPa 左右，生产平稳，开发效果较好。

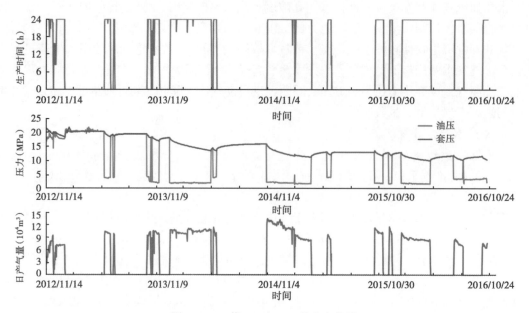

图 1-3-2　苏 75-62-4H 井生产曲线

2. 产水气井开发动态

1）直井

气井产水使得储层水在近井地带聚集，增加近井地带气相渗流阻力，由于产出水无法有效携带出去，在井筒形成积液，产生回压，使得原本产气能力就比较低的直井降得更低，甚至停产，需要定期采取排水采气作业以维持气井生产，最终累计产气量通常小于 $1000 \times 10^4 m^3$，无法实现经济有效开采。苏 75 井区典型产水直井生产动态曲线（图 1-3-3）表明，气井日产气量只有 $0.5 \times 10^4 m^3$ 左右，节流器以上液柱高度 500～1000m，回压效果显著，需

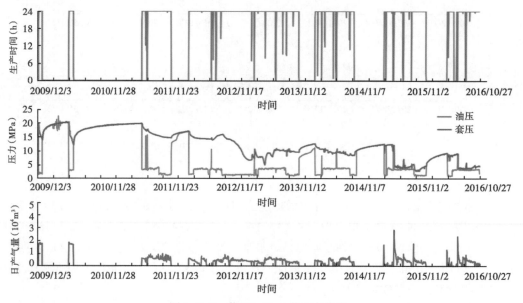

图 1-3-3　苏 75-67-3 井生产曲线

要定期排水采气才能维持生产，开井生产 7 年，有效生产时间不足 4 年，生产过程中反复关井—排水—采气，累计产气量仅 $600 \times 10^4 m^3$，压降速率达 0.025MPa/d，套压降至仅有 5MPa，接近废弃条件，基本无法实现经济有效开发。

2）水平井

对于致密砂岩气藏而言，即使是水平井，一旦产水，气井产气能力也会快速下降，产量降低，一般日产气量小于 $1 \times 10^4 m^3$，接近甚至低于临界携液量，也面临井筒积液问题，需要定期采取排水采气作业以维持气井生产，最终累计产气量 $1000 \times 10^4 m^3$ 左右，无法实现经济有效开发。苏 75 井区典型产水水平井生产动态曲线（图 1-3-4）表明，水平井早期日产气量只有 $2 \times 10^4 m^3$ 左右，但不到 1 年就降至 $1 \times 10^4 m^3$ 左右；后期由于日产气量仍低于临界携液量，无法有效将产出水携带出来，需要定期采取排水采气作业维持生产，并且每个排水采气周期持续时间短，开井生产 7 年，累计产气量仅 $615 \times 10^4 m^3$，远低于周边不产水水平井前 7 年累计产气量，套压降到只有 5MPa，接近废弃条件，基本无法实现经济有效开发。

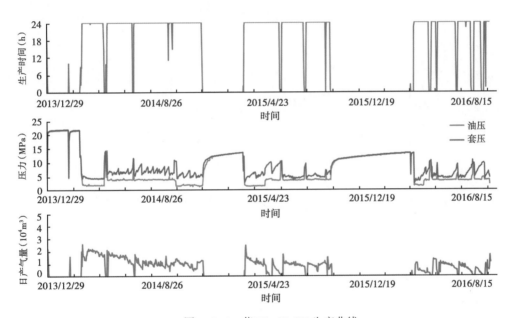

图 1-3-4　苏 75-65-8H 生产曲线

二、气藏开发特征

1. 不产水气藏开发特征

对于部分成藏充分的低渗透致密气藏来说，储层含水饱和度通常较低，绝大部分气井不产水或少量产水，气藏整体生产水气比低，一般小于 $0.5 m^3/10^4 m^3$，生产运行平稳，年递减率低一般在 10% 左右，压力下降速率小，累计产气量与地层压力、井底压力呈很好的线性关系，平均单井最终累计产气量可达 $5000 \times 10^4 m^3$，部分好的区块可达 $20000 \times 10^4 m^3$，通过钻少量新井可维持气田长时间稳产。以靖边气田为例，投产气井 784 口，初期单井产气量 $4.7 \times 10^4 m^3/d$，水气比 $0.16 m^3/10^4 m^3$，截至 2016 年底单井产气量 $2.0 \times 10^4 m^3/d$，水气比 $0.35 m^3/10^4 m^3$，年综合递减率 11%，历年累计产气量 $766 \times 10^8 m^3$，单井平均产气量 10000×

$10^4 m^3$（图 1-3-5），压降速率 0.001MPa/d，气田累计产气量与地层压力呈线性关系（图 1-3-6），生产状态平稳，符合不产水或产水少量气藏开发特征。

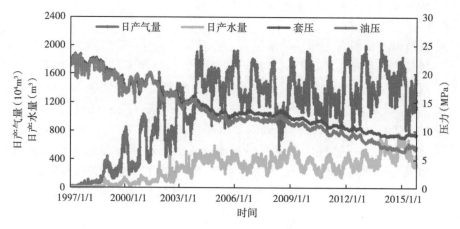

图 1-3-5 靖边气田生产数据

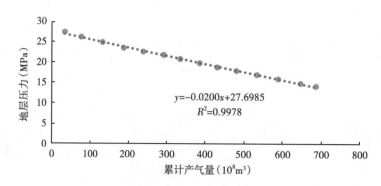

图 1-3-6 靖边气田累计产气量与地层压力关系

2. 产水气藏开发特征

部分低渗透致密砂岩气藏由于成藏不充分，储层含水饱和度高，尤其部分气水层被射开，导致多数气井投产时就产水，单井产能低，且递减快，年递减率达 20% 以上，尤其产水井见水后年递减率达 50%，甚至更高，井口套压下降快，严重影响气藏稳产能力，只能通过增钻大量新井来维持气田稳产，平均单井累计产气量低，一般在 $1000×10^4 \sim 2000×10^4 m^3$，基本处于经济有效开发边缘。以苏里格气田为例，产水及积液井比例达 63.7%，且有逐年增加的趋势；产水使得单井产气能力大幅下降，截至 2016 年日产气量低于 $0.05×10^4 m^3$ 的气井占 56.74%，套压小于 3MPa（接近废弃压力）的气井占 14.4%，年综合递减率 20%~40%（图 1-3-7），气田稳产受到严重威胁，只有靠钻大量新井来维持稳产，弥补产能递减，要保证气田年产气量 $235×10^8 m^3$ 生产规模的稳产，每年需弥补递减工作量为 $48×10^8 \sim 55×10^8 m^3$，稳产压力很大。

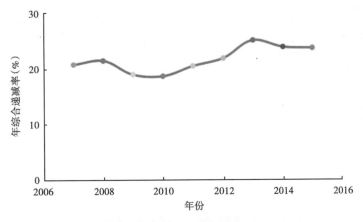

图 1-3-7　苏里格气田历年综合递减率变化图

三、开发中存在的问题

1. 气井产水对生产影响较大

根据统计，低渗透致密砂岩气藏气井普遍产水，且产水后气井产能快速下降，严重威胁气田稳产能力，以苏里格气田苏 75 区块为例（图 1-3-8），根据压后排液、生产曲线、关井油套压恢复、探液面、井口放空核实等多种途径确定 95 口井不同程度的出水，占投产井总数的 44.4%（2011 年）；日产气量 $67 \times 10^4 \mathrm{m}^3$，占区块总产量的 31.8%，出水气井平均单井日产气 $0.70 \times 10^4 \mathrm{m}^3$，为配产的 63.9%，出水严重的苏 75-2 站、苏 75-4 站平均单井日产气量 $0.45 \times 10^4 \mathrm{m}^3$，仅为配产气量的 50% 左右，出水气井投产初期月递减率在 7.0% 以上，递减速度远高于不产水气井。

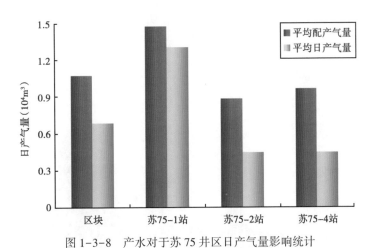

图 1-3-8　产水对于苏 75 井区日产气量影响统计

2. 气井产量、压力递减较快

低渗透致密气藏由于储层致密、含水饱和度高、非均质性强等因素综合影响，导致气井产能低，产量和压力递减快，一般产量年递减率为 20%，压力递减速度 0.02MPa/d 左右（图 1-3-9），低产井和低压井比例逐年增加（图 1-3-10、图 1-3-11）。

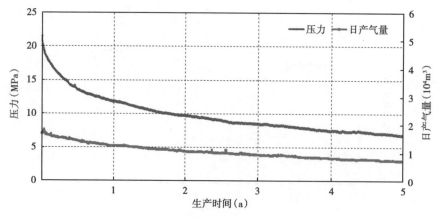

图 1-3-9 苏里格中区直井压力、产量变化图

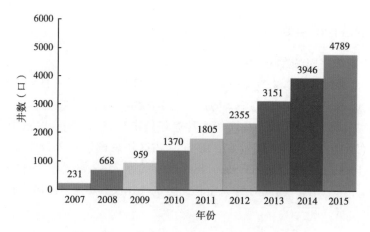

图 1-3-10 苏里格气田低产井历年统计结果

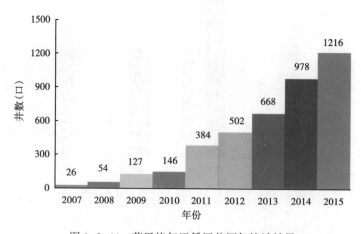

图 1-3-11 苏里格气田低压井历年统计结果

参 考 文 献

［1］　　　　李安琪．苏里格气田开发论［M］．北京：石油工业出版社，2008．

［2］　何光怀，李进步，王继平，等．苏里格气田开发技术新进展及展望［J］．天然气工业，2011，31（2）：12-16．

［3］　董桂玉．苏里格气田上古生界气藏主力含气层段有效储集砂体展布规律研究［D］．成都：成都理工大学，2009．

［4］　杨威，谢增业，金惠，等．四川盆地上三叠统须家河组储层评价及天然气成藏机理［J］．天然气工业，2010，30（12）：10-15．

［5］　冯明石，刘家铎，孟万斌，等．四川盆地中西部须家河组储层特征与主控因素［J］．石油与天然气地质，2009，30（6）：713-719．

第二章 致密砂岩气藏储层微观特征

X射线衍射与扫描电镜技术是定性研究储层矿物组成、黏土含量、分布特征及微观孔喉分布特征的重要手段。X射线衍射可以测试岩石的矿物成分及黏土矿物的含量，明确储层岩石的矿物组成；扫描电镜可以观测岩石中黏土的分布和孔隙结构特征，由于其极高的放大倍数，可以观察到不同类型的黏土矿物微观组成与分布特征以及黏土孔喉的微观分布特征。压汞与核磁共振测试技术是定量研究储层微观孔隙结构的重要手段。压汞曲线是定量反映油气藏储层的微观孔喉数量及其分布规律的最有效手段，主要反映喉道大小及其控制的进汞饱和度；核磁共振曲线主要用来定量反映储层微观孔隙大小的分布规律及流体的可动性，二者的有机结合可以合理解释储层的孔喉连通与分布规律，从而明确致密砂岩储层的微观孔隙结构特征。

第一节 致密砂岩储层矿物成分

一、苏里格气田

苏里格南部地区（以下简称苏南地区）上古生界储层岩性以石英砂岩、岩屑质石英砂岩为主，纵向上互层分布；喷发岩屑、凝灰质等常见物质，但东西部含量差别较大，成熟度高；自生硅质、高岭石为最主要的填隙物；从岩性上看，山2^3亚段储层以石英砂岩为主，盒8下亚段储层以岩屑石英砂岩为主，盒8上亚段储层以岩屑砂岩为主，岩屑石英砂岩次之（图2-1-1）。碎屑岩矿物组成研究结果（表2-1-1）表明，纵向上盒8上亚段储层石英类组分含量低，盒8下亚段储层相对较高，山2^3亚段储层石英类含量最高；平面上，苏南地区石英类组分高于高桥地区，但可溶性组分（如喷发岩屑等）苏南地区较低；软组分（如

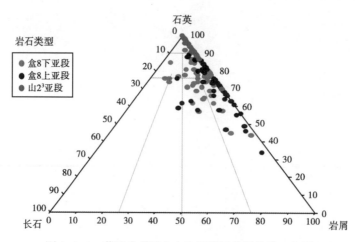

图2-1-1 苏里格南区上古生界储层成因分类三角图

千枚岩等）高桥地区盒 8 下亚段储层较高；通过原岩恢复，认为研究区长石含量较少，平均值为 1%，最高不超过 5%，喷发岩屑丰富。填隙物以自生、蚀变矿物为主，主要为高岭石、硅质及碳酸盐矿物（表 2-1-2），其中凝灰质丰富，主要以残余凝灰质、高岭石化、伊利石化等为主，平均含量 6%左右；硅质以山 2^3 亚段储层最发育，其次为盒 8 下亚段；陆源杂基—伊利石含量普遍较低，一般在 1.0%以下；填隙物以凝灰质、硅质以及碳酸盐矿物为主，总量比一般在 13%~14%。

表 2-1-1　苏里格南区上古生界盒 8 段、山 1 段、山 2 段储层碎屑矿物组成

层位	地区	石英类（石英+燧石+石英岩）（%）	长石（%）	喷发岩屑（%）	软组分（%）	蚀变岩屑（%）	成分成熟度
盒 8 上亚段	高桥	80.1	1.0	3.6	11.0	2.3	4.29
	苏南	86.0	1.0	2.2	5.4	5.4	6.14
盒 8 下亚段	高桥	85.5	1.0	5.0	8.4	4.2	4.08
	苏南	88.0	1.8	2.0	3.1	3.0	5.29
山 1 段	高桥	83.5	0.6	2.4	8.0	2.8	5.06
	苏南	85.9	0.7	3.4	6.6	2.5	6.09
山 2^2 亚段		79.2	1.5	4.8	14.3	0.2	3.81
山 2^3 亚段		93.9	1.1	3.2	1.5	0.3	15.39

表 2-1-2　苏里格南区上古生界盒 8 段、山 1 段、山 2 段储层填隙物黏土矿物组成

层位	地区	凝灰质（%）				绿泥石膜（%）	铁方解石（%）	硅质（%）	杂基伊利石（%）	总量（%）
		残余凝灰质	高岭石化	伊利石化	绿泥石					
盒 8 上亚段	高桥	0.3	1.9	2.7	0.2	1.0	3.2	2.2	0.9	13.5
	苏南	1.6	2.2	2.0	0.7	0.1	1.6	4.8	1.1	14.0
盒 8 下亚段	高桥	0.8	1.8	3.0	0.2	0.9	1.2	3.3	0.8	12.0
	苏南	0	1.5	3.2	0.1	0	2.9	5.0	0.9	13.6
山 1 段	高桥	0.8	2.1	3.0	0.1	0.4	3.0	3.8	0.9	13.2
	苏南	0.4	2.5	2.4	0.4	0	2.4	4.5	0.9	13.5
山 2^2 亚段		0.5	3.9	1.5	0.2	0	0.5	7.5	0.3	14.4
山 2^3 亚段		0	3.0	2.0	0	0	1.4	2.5	2.7	13.2

二、须家河组气田

安岳气田须二段致密储层岩性以浅灰色细砂岩、中砂岩为主，夹灰黑色泥岩。据取心井的岩类统计可知，各井砂岩累计厚度占层段厚度的 80%以上，泥质岩所占比例普遍小于20%。据岩屑、岩心分析及薄片鉴定结果表明，须二段储集岩以岩屑长石砂岩及长石岩屑砂岩为主。粒度以中粒为主，次为细—中粒、细粒，分选中等—好，磨圆较好，多呈孔隙—接触式胶结（图 2-1-2）。

安岳须二段储集岩碎屑成分以石英为主，含量为 55%~70%，平均值为 65.9%。长石含量 14%~20%，平均值为 17.6%。岩屑含量为 12.14%~24.43%，平均值为 16.82%，成分包

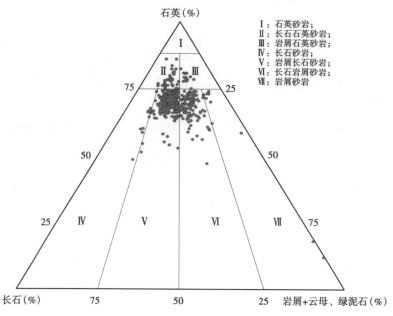

Ⅰ：石英砂岩；
Ⅱ：长石石英砂岩；
Ⅲ：岩屑石英砂岩；
Ⅳ：长石砂岩；
Ⅴ：岩屑长石砂岩；
Ⅵ：长石岩屑砂岩；
Ⅶ：岩屑砂岩

图 2-1-2　须二段储层岩石成因类型三角图

括变质岩岩屑、沉积岩岩屑和喷出岩岩屑。填隙物成分一般为水云母和黏土质等杂基和钙质、硅质等胶结物。胶结物成分以方解石、硅质为主，含量为 2.36%～4.23%，平均值为 3.4%。杂基含量一般为 3.24%～4.14%，平均值为 3.73%；部分层段含有 1%～2%（平均值为 0.51%）绿泥石胶结物，形成绿泥石环边，利于原生孔隙的保存，该层段储集物性较好（表 2-1-3）。

表 2-1-3　安岳须二段储层 X 射线衍射分析结果

井号	样品编号	深度（m）	岩性	黏土矿物相对含量（%）							全岩定量分析（%）							
				高岭石	绿泥石	伊利石	蒙皂石	绿/蒙混层	伊/蒙混层中蒙皂石的含量	绿/蒙混层中蒙皂石的含量	黏土总量	石英	钾长石	斜长石	方解石	白云石	黄铁矿	菱铁矿
岳 101-26-X1	2-2	2614.70	砂岩	18	21	40		21	10		8	84	3	5				
	4-1	2613.00	砂岩	6	32	40		22	10		9	80	4	7				
	5	2606.80	砂岩		35	36		27	10		13	75	4	8				
	12	2627.00	砂岩		35	33		32	10		9	81	4	6				
	13	2628.60	砂岩		29	39		32	10		8	82	3	7				
	15	2630.40	砂岩		26	36		38	10		12	77	3	8				
	17	2637.50	砂岩		33	36		31	10		10	74	4	10	2			
	19	2637.10	砂岩		60	41		29	10		11	68	10	10	1			
岳 130	314	2319.70	砂岩		48	28		24	10		10	76	5	9				
	301	2316.40	砂岩		51	27		22	10		8	72	4	14	2			

22

第二节 孔 隙 特 征

一、苏里格气田储层孔隙类型

苏里格气田储层埋藏深度大、成岩作用强，储集空间以次生孔隙为主，属于孔隙型储层。苏里格气田砂岩的孔隙类型配置中，孔隙的分布具有双峰的特征：一类是孔径较大的颗粒溶孔，占整个孔隙空间的主体；另一类是孔径小的粒间溶孔、粒间孔和微孔隙。由于成岩压实作用强，颗粒排列紧密，喉道小，又有高岭石、绿泥石等填隙物充填粒间，这样就形成了大孔细喉、渗透率低、孔隙结构非均质性较强的储层特征。

主要的孔隙类型有：原生残余粒间孔、颗粒溶孔（铸模孔）、粒间溶孔、粒内微溶孔、晶间孔等，另外还有少量的微裂缝、泥质收缩缝、粒内破裂缝等（图2-2-1），孔隙中颗粒溶孔占总孔隙的54.65%，孔径较大，一般为0.2~0.6mm；粒间孔占总孔隙的8.7%，孔径较小一般为0.03~0.06mm；粒间溶孔占总孔隙的26.09%，孔径一般为0.05~0.15mm；微孔隙占总孔隙的10.56%，孔径小于0.01mm。

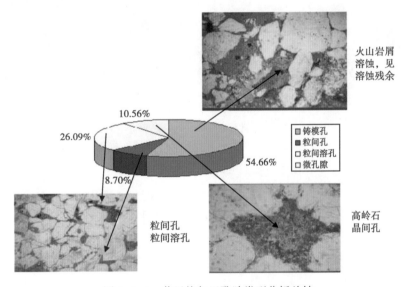

图2-2-1 苏里格气田孔隙类型分析总结

二、须家河组气田储层孔隙类型

广安气田须四段储层储集空间类型以粒间孔、粒内溶孔为主，见胶结物溶孔、杂基孔、铸模孔和微裂缝等（图2-2-2）。多为中—小孔，面孔率中等。粒间孔和粒内溶孔是主要的孔隙类型，其发育程度对储集岩的物性好坏影响较大。

残余原生粒间孔：该类孔隙首先受到压实作用而变小，继而又受到石英次生加大边、绿泥石环边及自生石英胶结作用的改造进一步缩小，常呈多边形。多分布在杂基含量较少的中粒岩屑砂岩和粗—中岩屑砂岩中的颗粒之间，在Ⅰ类、Ⅱ类储层中比较发育，是区内须四段储层的主要孔隙类型之一。

粒间溶孔：主要是碎屑颗粒边缘及粒间胶结物和杂基溶解所形成的、分布于颗粒之间的孔隙。孔隙边缘具明显的溶蚀痕迹，形态多种多样，多呈不规则状、港湾状，在Ⅰ类、Ⅱ类储层中比较发育。以孔隙缩小型喉道、片状喉道相连，孔径 0.1mm×0.05mm ~ 0.5mm×0.3mm，连通性较好，是区内须四段储层的主要孔隙类型之一。

粒内溶孔：指不稳定的碎屑颗粒（如长石、岩屑等）内部成分被溶蚀所产生的次生孔隙。常见长石粒内溶孔，扫描电镜揭示发育于长石内部的溶孔多沿解理方向分布，常与高岭石化伴生，当溶解强烈时，被溶解的长石呈骨骸状、蜂窝状残余。该类孔隙孔径一般在 0.08mm×0.05mm ~ 0.5mm×0.23mm。粒内溶孔也是区内主要的孔隙类型之一。

胶结物及杂基溶孔：岩石中胶结物（如方解石、绿泥石等）及杂基等选择性溶解而形成的次生孔隙，呈微型网状和蜂窝状。常见在胶结物粉—细晶方解石边缘呈锯齿状或港湾状。此类孔隙在区内偶见，作为孔隙空间的补充。

 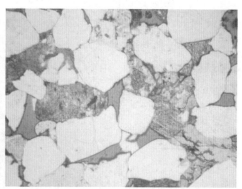

(a) 广安126
2428.15m，φ为15.12%，粒间孔发育，连通性好

(b) 广安128
2335.6m，φ为14.7%，长石粒内溶孔、粒间孔
发育，连通性好

图 2-2-2　须四段储层主要孔隙类型

第三节　微观孔喉分布压汞测试

储层的生产状况取决于孔隙度、渗透率和饱和度等宏观物性参数，而这些宏观参数是由储层的微观孔隙结构特征决定的。压汞作为一种经典的实验研究手段，通过进汞饱和度与进汞压力间所形成的毛细管压力曲线，提供储层的微观孔隙结构信息。一方面曲线自身形态可以为储层孔隙结构类型、分选性等研究提供帮助，另一方面通过所提供的测量参数还可提供包括孔喉半径及其分布、润湿性、岩石比面积、油水界面等大量储层特征，是认识储层特征十分有效的手段[1,2]。

一、常规压汞结果

致密砂岩储层主要发育微细孔喉，孔喉类型以亚微米级孔喉为主，有效孔喉半径主要分布在 0.07 ~ 2μm，并且90%左右的孔隙体积由半径小于 0.5μm 的孔喉控制（图2-3-1）。渗透率越低，半径小于 0.1μm 的孔喉占比越大，致密砂岩临界渗透率值 0.1mD 对应的半径小于 0.1μm 的孔喉占比约 20%，半径小于 0.1mD 后该占比会迅速增加（图2-3-2）。由此可见，孔喉尺寸大小分布特征的差异是造成致密储层与低渗透储层渗流能力与开发差异不同的根本性原因，亚微米级的微细孔喉发育决定了致密储层储量动用难度大、开发效果差的特点。

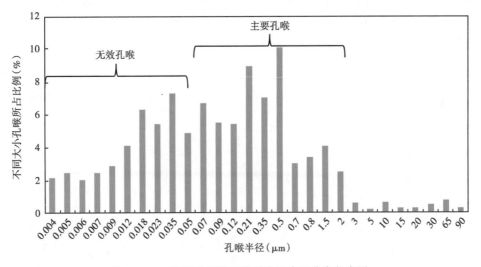

图 2-3-1　致密砂岩储层岩样孔喉半径分布频率图

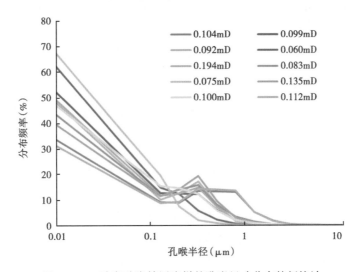

图 2-3-2　致密砂岩储层岩样的孔喉尺寸分布特征统计

　　将不同的喉道半径控制的孔隙体积百分数划为小于 0.1μm、0.1~0.5μm、0.5~1μm、1~2μm、2~5μm、大于 5μm 6 个喉道半径分布范围（图 2-3-3），对应控制的孔隙体积百分数表明，渗透率小于 0.01mD 的致密岩样储层孔隙体积主要由小于 0.1μm 和 0.1~0.5μm 的喉道控制，其中前者控制的孔隙体积平均达到了 50% 以上，后者控制的孔隙体积平均在 40% 左右，两者之和达到了 90%，可见渗透率小于 0.01mD 储层可动储量少，渗流能力弱；渗透率大于 0.01mD 储层孔隙体积除受上面 2 种半径喉道控制外，介于 0.5~1μm 的喉道半径控制的孔隙体积开始显著增加，一般可以达到 20% 左右，储层的渗流能力得到明显改善；当储层渗透率达到 0.1mD，介于 1~2μm 的喉道半径控制的孔隙体积开始显著增加，当储层渗透率大于 0.15mD 后，其控制的孔隙体积可以达到 20% 以上，其储量可动性及渗流能力都有明显提高；当储层渗透率达到 1mD 以上，介于 2~5μm 的喉道半径控制的孔隙体积都可以达到 10%~20%，此时储层的孔隙体积主要受较大的喉道控制，储量大、可动储量饱和度高、渗流能力强。所以致密砂岩储层微观孔隙大小及其结构分布特征直接决定了其储量大小和渗流能力强弱，也决定了气藏的开发效果和开发难易程度。

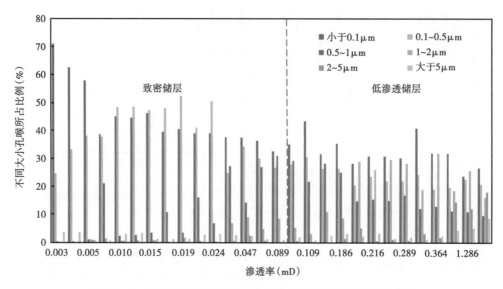

图 2-3-3   不同渗透率储层不同喉道半径控制的孔隙体积百分数

小于 0.1μm 喉道半径在不同渗透率储层中控制的孔隙体积百分数统计结果（图 2-3-4）分析表明，在小于 0.1μm 喉道控制的孔隙体积与渗透率和孔隙度的关系图上存在比较明显的 3 个区域，即渗透率小于 0.01mD 和孔隙度小于 5% 区域（Ⅰ区域）、渗透率介于 0.01~0.1mD 和孔隙度介于 5%~10% 区域（Ⅱ区域）、渗透率大于 0.1mD 和孔隙度大于 10% 区域（Ⅲ区域），3 个区域小喉道控制孔隙体积特征分布明显。Ⅰ区域内小于 0.1μm 喉道控制的孔隙体积主要分布在 50% 以上，Ⅱ区域内小于 0.1μm 喉道控制的孔隙体积主要分布在 40% 左右，Ⅲ区域内小于 0.1μm 喉道控制的孔隙体积主要分布在 30%~40%，孔隙度、渗透率更好的储层小于 0.1μm 喉道控制的孔隙体积可以降低到 30% 以下。

由此可见，渗透率小于 0.01mD 和孔隙度小于 5% 区域含气饱和度低、渗流能力弱，在气田开发过程中可以视为较差储层；渗透率介于 0.01~0.1mD 和孔隙度介于 5%~10% 区域含气饱和度明显增加、渗流能力也明显提高，在致密砂岩气田开发过程中可视为相对较好的储层进行开发；渗透率大于 0.1mD、孔隙度大于 10% 的区域可视为致密砂岩气藏的"甜点"进行开发。

总的来看，低渗透致密砂岩气藏储层中流体的储集和流动都受小孔喉影响严重，这从微观孔喉结构的角度解释了致密砂岩气藏具有储量丰度低、开发难度大等特点的原因。

低渗透致密砂岩储层排驱压力非常高，一般介于 0.49~2.66MPa，大孔喉不发育，大于 1μm 以上的孔喉极少；96% 以上的孔喉半径小于 1μm；主要发育微细孔喉，小于 0.1μm 的孔喉频率接近 50%（图 2-3-5），而其控制的孔隙体积却占总孔隙体积的 50% 左右（图 2-3-4）。

26

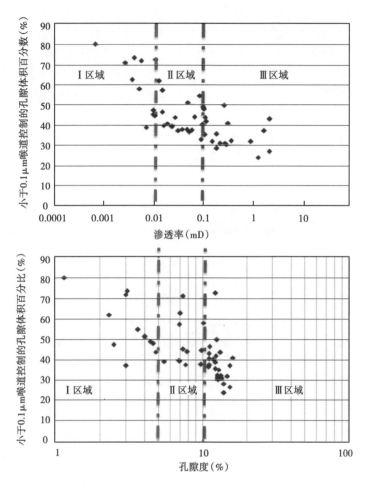

图 2-3-4　小于 0.1μm 喉道控制的孔隙体积与渗透率和孔隙度的关系图

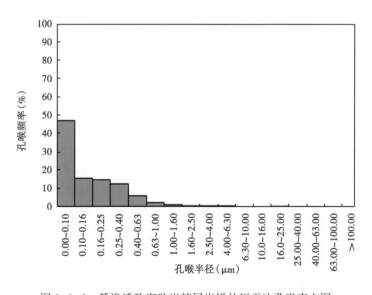

图 2-3-5　低渗透致密砂岩储层岩样的压汞法孔喉直方图

图 2-3-6 是须家河与苏里格致低渗透密砂岩储层多块岩样的常规压汞实验测试曲线统计，根据进汞饱和度曲线特征可以将其分为 4 个区间，进汞压力介于 0.01~0.1MPa 的大喉道控制区间，喉道半径 7.5~75um，进汞饱和度很小，说明大喉道控制的孔隙体积小；0.1~1MPa 的中喉道控制区间，喉道半径 0.75~7.5um，进汞速度快，饱和度变化显著，表明中喉道控制的孔隙体积显著增加；1~10MPa 的小喉道控制区间，喉道半径 0.075~0.75um，进汞饱和度平缓增加，是主要的进汞区间；大于 10MPa 对应的微喉道控制区间，喉道半径小于 0.075um，进汞速度减慢，进汞饱和度变化减小，说明微喉道控制的孔隙体积很小。4 个区间的具体特征可以用表 2-3-1 来详细描述。

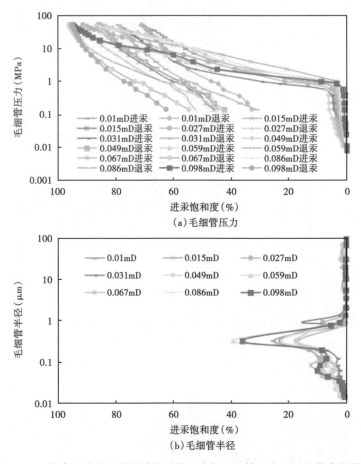

图 2-3-6 低渗透致密砂岩岩样进汞饱和度与毛细管压力和毛细管半径关系

表 2-3-1 低渗透致密砂岩储层微观孔隙区间压汞特征

区间	进汞压力（MPa）	喉道半径（μm）	阶段进汞饱和（%）		门槛压力（MPa）	退汞效率（%）	总进汞饱和度（%）		
			范围	均值			范围	均值	偏差
I 类	0.01~0.1	7.5~75	0.5~3.4	1.8	0.1~1	30~50，平均40	79~99	94.1	4.5
II 类	0.1~1	0.75~7.5	0.5~43.6	16.7					
III 类	1~10	0.075~0.75	15.0~70.2	51.7					
IV 类	10~50	<0.075	10.7~49.0	23.9					

由此可见低渗透致密砂岩储层储渗空间构成：大喉道及其控制的孔隙体积均值 2% 左右，中喉道及其控制的孔隙体积均值 16.7%，小喉道及其控制的孔隙体积均值 51.7% 左右，微喉道及其控制的孔隙体积均值 23.9%。其中中喉道、小喉道控制的孔隙体积均值 70% 左右，是低渗透砂岩储层的主力储渗空间，对气藏的最终开发效果起决定性作用，总进汞饱和度范围集中分布在 79%~99%，均值达 94%，偏差只有 4.5%，说明致密砂岩储层均质性好。

上述特征表明，低渗透致密砂岩储层中孔喉、小孔喉、微孔喉发育、含有少量的大孔喉，孔喉由小到大相对均匀连续分布，孔喉之间配位数高，连通性好，渗流阻力小，进汞相对容易，门槛压力较低，介于 0.1~1MPa，退汞效率可以达到 40% 左右。证明低渗透致密砂岩储层虽然孔隙度较小、渗透率低、开发难度较大，但是却具有一定的开发潜力。

常规压汞是进行储层孔隙结构研究的重要方法，但它无法得到准确定量的喉道分布信息[3]。从常规压汞的实验过程来看，常规压汞只能给出孔喉半径及对应孔喉控制体积分布的统计数据，并非准确的孔隙和喉道分布情况。与常规压汞相比，恒速压汞在实验进程上实现了对喉道数量的测量，从而克服了常规压汞的不足，能够更清楚地描述储层的微观孔隙结构，从而有效认识低渗透储层的渗流能力及可能的开发效果，对于孔喉性质差别非常大的低渗透、特低渗透致密储层尤为适合。因此可以通过恒速压汞实验进一步深入研究储层微观孔喉特征[4]。

二、恒速压汞结果

须家河组广安须六段、广安须四段、合川及潼南须二段低渗透致密砂岩储层岩样的恒速压汞实验结果表明（图 2-3-7、图 2-3-8），不同渗透率岩心喉道半径分布频率差别很大，渗透率越高的岩样半径大于 $2\mu m$ 的喉道越多。广安须六段储层岩样半径大于 $2\mu m$ 的喉道比广安须四段和合川及潼南须二段储层的岩样明显要多。渗透率小于 0.1mD 的岩心，平均喉道半径在 $1\mu m$ 以下，喉道在 $0.7\mu m$ 左右处集中分布；渗透率在 0.1~1mD 的岩心，平均喉道半径在 $1~3\mu m$ 集中分布，喉道半径分布相对有所展宽；渗透率大于 1mD 的岩心，平均喉道半径集中分布在 $3\mu m$ 以上，喉道半径的分布范围比前两类宽得多，既有小于 $1\mu m$ 的小喉道，也有 $10~15\mu m$ 的比较大的喉道，且后者的比例随渗透率的变大所占比例增加。

致密岩心喉道半径累计分布频率 90% 时，对应的喉道半径在 1um 左右，而渗透率略大的

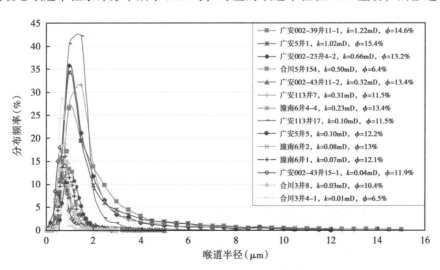

图 2-3-7　不同渗透率岩心的喉道半径分布频率

低渗透岩心喉道半径累计分布频率90%时，对应的喉道半径却在5um左右，可见不同渗透率的岩心其微观特征差异主要取决于喉道半径的分布特征，说明储层的渗流能力主要受喉道控制，喉道半径大小决定了储层的性质好坏，并进而影响开发效果。渗透率较高的储层，其渗透率主要由较大喉道贡献，流体的渗流通道大、渗流阻力小、渗流能力强、储层的开发潜力大。

主流喉道半径是表征储层渗流能力最合理、最有效的微观特征参数（图2-3-8）。广安须六段储层的主流喉道半径最大，平均值在2um左右；其次是广安须四段储层，平均值在1.5um左右；潼南、合川须二段储层主流喉道半径最小，平均值不足1um，由此可见，须家河组须六段储层、须四段储层、须二段储层的微观孔喉特征差异很大，导致储层孔渗物性参数的差异，这一研究结果很好地解释了3个储层物性好、差的原因及开发的难易。

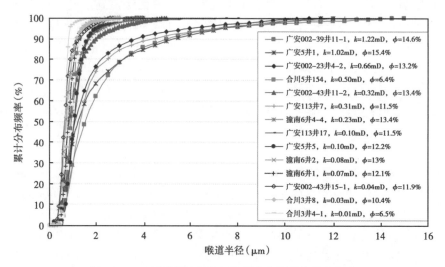

图2-3-8　不同渗透率岩心的喉道半径累计分布频率

不同半径单根喉道对渗透率的贡献率研究结果表明（图2-3-9），渗透率高的岩心，大喉道对于渗透率的贡献起主要作用，渗透率特低的岩心，小喉道对渗透率的贡献起主要作

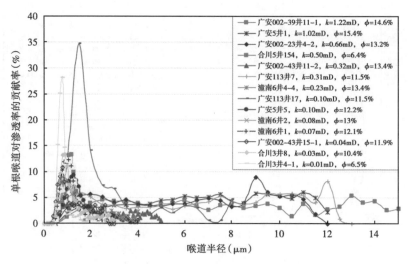

图2-3-9　不同半径喉道对渗透率的贡献率

用，从而导致致密砂岩储层渗流阻力大，开发难度增加，开发效果明显变差。

须家河组致密砂岩岩心主流喉道半径、中值半径和平均喉道半径与渗透率关系统计结果表明（图2-3-10），主流喉道半径大于平均喉道半径，中值半径最小。在岩心渗透率小于0.1mD时，主流喉道半径保持在0.7~1.0μm范围内，且两者差别很小，当岩心渗透率大于0.1mD后，主流喉道半径和平均喉道半径随渗透率的增大而迅速增大，且两者之间的距离逐渐增大，中值喉道半径随岩心渗透率的增大而增加缓慢。

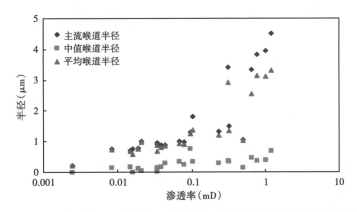

图2-3-10 不同渗透率岩心的主流喉道半径、中值喉道半径和平均喉道半径关系

须家河组不同储层岩心主流喉道半径与渗透率关系统计结果表明（图2-3-11），主流喉道半径随渗透率的增加而增加，而且两者之间存在非常好的正相关关系，特别是储层岩心渗透率在0.1mD以上时，两者的相关性更好。但是储层岩心中值喉道半径与渗透率之间的相关性很差。因此，主流喉道半径更能反映气藏储层的微观特征，更适用于储层宏观开发特征的评价。

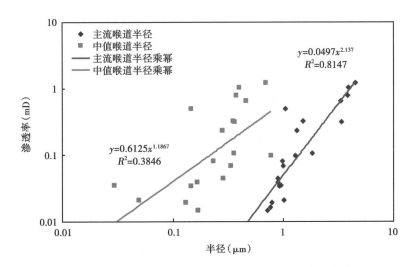

图2-3-11 主流喉道半径和中值喉道半径与渗透率拟合关系

须家河组不同储层岩心微观均质系数和相对分选系数与岩心渗透率的关系统计结果表明（图2-3-12），两者之间没有较好的相关性，即致密砂岩储层的非均质性与渗透率无关。

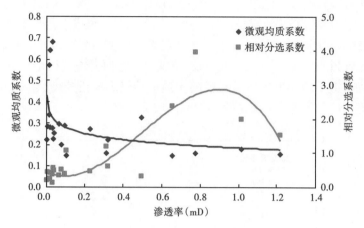

图 2-3-12　微观均质系数和相对分选系数与渗透率的关系

恒速压汞可以将岩样内的孔隙和喉道分开统计,不仅能够给出总进汞饱和度,而且能够分别给出喉道进汞饱和度与孔隙进汞饱和度。总进汞饱和度是喉道进汞饱和度与孔隙进汞饱和度之和。总进汞饱和度给出的是岩样内有效孔喉总体积(有效喉道+有效孔隙)占岩样总孔隙体积的百分比。喉道进汞饱和度为有效喉道体积占岩样总孔隙体积的百分比。孔隙进汞饱和度的含义与喉道进汞饱和度的含义类似,表示有效孔隙体积占总孔隙体积的百分比。

须家河组致密砂岩储层岩样恒速压汞的孔隙进汞饱和度和喉道进汞饱和度与渗透率关系统计结果表明(图 2-3-13),渗透率小于 0.1mD 的致密砂岩储层岩心喉道进汞饱和度要明显大于孔隙进汞饱和度,渗透率大于 0.1mD 时,两者比较接近,说明须家河组致密砂岩气藏储层中喉道既是气体重要的渗流通道,也是气体重要的存储空间。

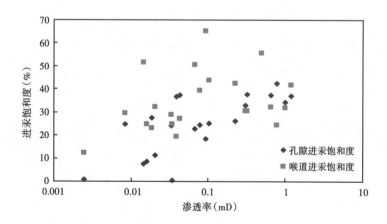

图 2-3-13　须家河组不同渗透率岩心进汞饱和度

第四节　微观孔隙分布特征核磁共振测试

应用于油气藏储层岩石分析的核磁共振技术利用的是储层岩石所含流体的核磁共振弛豫特性。油气藏储层岩石是多孔介质,具有巨大的内表面积。岩石中的流体分子与岩石表面相互作用使得流体的弛豫特性与体积相状态下的弛豫特性相比有了很大的差别。在体积相状态下，流体的弛豫速率为常数，但是在岩石当中，受到岩石内表面的作用，会产生弛豫加强。由于大小不同的孔隙具有不同的比表面积，那么不同孔隙中的流体受到表面弛豫加强的程度不同，所以所有岩石孔隙中的流体的弛豫是具有多个弛豫速率的多组分弛豫，并且呈现与岩石孔隙特征相关的一个弛豫速率分布，因此可以运用核磁共振技术来研究油气藏储层的微观孔隙大小及其结构和分布特征[5]。

一、核磁共振测试原理简介

1962 年，Korringa 等阐述了饱和水岩石中的核磁共振弛豫机理，解释了弛豫谱的物理意义，建立了核磁共振弛豫谱与岩石孔隙内比表面的关系，被称为 KST 理论。1991 年，Straley 等以离心实验提出了可动流体的概念。可以说 KST 理论和 Straley 的可动流体概念构建了岩石核磁共振技术的理论框架。需要指出，核磁共振的弛豫分纵向弛豫（T_1 弛豫）与横向弛豫（T_2 弛豫）2 种，在岩石中流体的 2 种弛豫机制完全相似。T_1 弛豫的测试较 T_2 弛豫费时，现在的岩心分析实验普遍采用 T_2 弛豫的测试，该理论简述如下。

岩石孔隙中流体的弛豫机制由 3 部分组成：体相弛豫、表面弛豫和扩散弛豫。

$$\frac{1}{T_2} = \frac{1}{T_{2B}} + \rho_2 \frac{S}{V} + \frac{(\gamma GT_E)^2 D}{12} \qquad (2-4-1)$$

式中，第一项为体相弛豫，表示流体本身的弛豫特性；第二项为表面弛豫，S/V 为孔隙的比表面，ρ_2 为表面弛豫强度，常系数；第三项是扩散弛豫，γ 为磁旋比，G 为磁场梯度，T_E 为回波间隔，D 为扩散系数。

与扩散弛豫相比，体相弛豫时间 T_{2B} 要大得多，因此公式中 $1/T_{2B}$ 很小，可以忽略。而回波间隔 T_E 可以人工控制到非常小，由于扩散弛豫速率与回波间隔 T_E 是二次方关系，那么当 T_E 足够小的时候，扩散弛豫也可以忽略。上述岩石孔隙中的弛豫特征就可以简化为

$$\frac{1}{T_2} \sim \rho_2 \frac{S}{V} \qquad (2-4-2)$$

也就是说单个孔隙内的 T_2 弛豫速率 $1/T_2$ 与孔隙的比表面成正比。而岩石是由许多大小不同的孔隙组成，于是整块岩石的 T_2 信号就由多弛豫速率衰减叠加而成，即

$$S(t) = \sum \alpha_i \exp\left(\frac{-t}{T_{2i}}\right) \qquad (2-4-3)$$

其中 α_i 就是岩石的核磁共振 T_2 分布，也称为 T_2 谱。由于大的孔隙具有小的比表面，小的孔隙具有大的比表面。所以岩石的 T_2 谱就能反映岩石孔隙大小及其分布特征。

对于油气藏而言，当流体（如水、油、气）饱和到岩样孔隙内后，流体分子会受到孔隙固体表面的作用力，作用力的大小取决于孔隙大小、形态和矿物成分、表面性质以及流体类型、黏度等因素。

对饱和流体（水或油）的岩样进行核磁共振 T_2 测量时，得到的 T_2 弛豫时间大小取决于流体分子受到孔隙固体表面作用力的强弱，因此 T_2 弛豫时间的大小是孔隙、矿物和流体等因素的综合反映，利用岩样内流体的核磁共振 T_2 弛豫时间的大小及其分布特征，可对岩样孔隙大小及流体的赋存状态进行分析。当流体受到孔隙固体表面的作用力很强时（如微小孔隙内的流体或较大孔隙内与固体表面紧密相接触的流体），流体的 T_2 弛豫时间很短，流体

处于束缚或不可动状态，称之为束缚流体或不可动流体。反之，当流体受到孔隙固体表面的作用力较弱时（如较大孔隙内与固体表面不是紧密相接触的流体），流体的 T_2 弛豫时间较长，流体处于自由或可动状态，称之为自由流体或可动流体。

核磁共振可动流体饱和度是一个完全来自实验的概念。图 2-4-1 是一块完全饱和水的低渗透岩样与它经过高速离心（150psi）甩干后的核磁共振弛豫时间谱。图中的横坐标表示弛豫时间，纵坐标表示岩心不同弛豫时间组分占有的份额。较大孔隙对应的弛豫时间较长，较小孔隙对应的弛豫时间较短，弛豫时间谱，也就是 T_2 谱在油层物理上的含义是岩心中不同大小的孔隙占总孔隙的比例，研究人员可以从弛豫时间谱（T_2）中得到丰富的油层物理信息，并以此来判断储层的孔隙结构特征及其原始流体的存在状态和可动性。

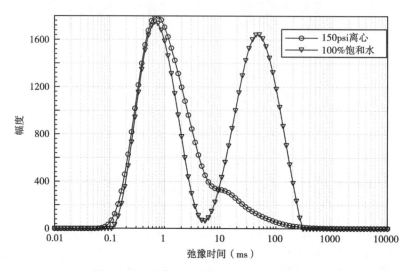

图 2-4-1　致密砂岩储层岩心 T_2 弛豫时间谱

实验结果表明，岩样经过高速离心后，弛豫时间长的部分明显下移，而弛豫时间短的部分几乎没有改变。出现这一结果的主要原因在于，岩样内部的水是否能够甩出是毛细管压力作用的结果，饱和在岩样内较大孔隙中的水，由于毛细管压力作用小而很容易被甩出，而存在于岩样较小孔喉中的水，由于毛细管压力作用很大，一般很难在离心过程中被甩出，除非继续增加离心力，可能还会有少量的水被甩出。根据弛豫时间与孔隙比表面（S/V）的关系，可以看出，弛豫时间谱上短弛豫部分就是岩样中饱和在具有较大比表面的孔隙中的水，这一部分由于受到较大的毛管束缚作用成为不可动流体，一般是不参与渗流流动的。因此根据这一实验结果，可以把岩样内所有孔隙划分为可动流体孔隙体积与不可动流体孔隙体积。对于一些低渗透样品，实验结果还可以观察到，并非所有长弛豫部分都是可动流体，因为低渗透样品具有较大的孔喉比，有些孔隙虽然大，但和外界连通的喉道小，同样也是不能流动的，但是在特定的生产条件下，特别是致密气藏开发过程中，这部分水很容易流动而变成可动水。

二、致密砂岩储层微观孔隙大小及其分布特征

图 2-4-2 是低渗透致密砂岩储层岩样（孔隙度 11.7%，渗透率 0.1mD）典型的核磁共振 T_2 谱测试曲线，蓝线代表储层 100%饱和水的核磁共振 T_2 谱分布特征，红线代表束缚水状态下的核磁共振 T_2 谱分布特征，2 条线与横轴围成的面积之差可以解释为可动流体，绿

线代表饱和水状态下累计核磁共振 T_2 谱分布特征。据此可以获取两个方面重要信息：一是不同大小孔隙的数量和分布规律，二是流体的可动性。一般来讲，就核磁共振 T_2 弛豫时间谱而言，T_2 时间小于 1ms 的孔隙属于微孔隙，介于 1~10ms 的孔隙属于小孔隙，10~100ms 的孔隙属于中孔隙，100~1000ms 的孔隙属于大孔隙，大于 1000ms 的孔隙属于孔洞。由此可以发现，致密砂岩储层主要由小孔隙、中孔隙构成，其中小孔隙最高幅度（也可叫频率，无量纲）约为 260，累计幅度百分比约占 50%，中孔隙最高幅度约为 160，累计幅度百分比约占 30%，此外含有少量的微孔隙和大孔隙，不含孔洞，其中微孔隙最高幅度约为 150，累计幅度百分比约占 10%，大孔隙最高幅度约为 125，累计幅度百分比不足 10%。

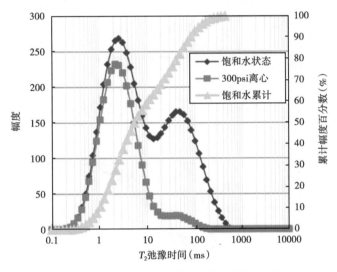

图 2-4-2　单个致密砂岩岩样典型核磁共振 T_2 谱曲线

图 2-4-3 是须家河与苏里格低渗透致密砂岩储层多块岩样的核磁共振实验测试 T_2 曲线的叠加，可以有效地统计 T_2 谱线的分布特征与规律，便于得出结论性的认识。可以看出图 2-4-3 叠加曲线的分布特征与图 2-4-2 单个岩心的典型 T_2 谱曲线几乎一致，即致密砂岩储

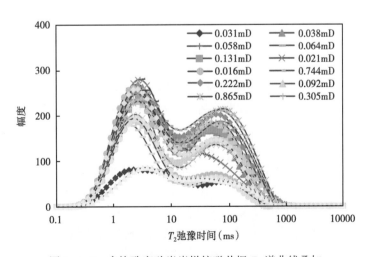

图 2-4-3　多块致密砂岩岩样核磁共振 T_2 谱曲线叠加

层核磁共振 T_2 谱线具有相对统一特征：（1）T_2 弛豫时间介于 0.1~1000ms，没有孔洞；（2）具有左右双峰特征，而且左峰幅度略高于右峰，即微小孔隙体积占比略大；（3）谷底分布在 10~20ms 弛豫时间内；（4）累计幅度百分比几乎一致，微孔隙累计占比 10% 左右，小孔隙累计占比 50% 左右，中孔隙累计占比 30% 左右，大孔隙累计占比 10% 左右。

由此可见，致密砂岩储层多孔介质主要由小孔隙和中孔隙构成，占比 80% 左右，是主要的储渗空间，而微孔隙与大孔隙占比各 10% 左右，孔隙分布均匀性、对称性、连续性好，具有一定的储渗能力，而且存在一定的可动区间，因此具有一定的开发潜力。这一结果与上述压汞实验结果的认识基本一致，但是由于两种测试方法对于孔喉的分类标准有所不同，导致划分结果有所差异。不过两种测试手段都可以准确、有效地描述低渗透砂岩储层的微观孔隙特征，有效判断储层的宏观物性与开发效果。

根据大量致密砂岩储层岩样核磁共振与常规压汞实验统计处理结果，分别得到平均化处理的累计幅度与 T_2 弛豫时间关系的核磁共振曲线及平均化处理的累计幅度与孔隙半径关系的压汞曲线（图 2-4-4），可以发现压汞曲线与核磁共振曲线之间具有很好的一致性，由此可以建立两者之间的换算关系 $R = 60 \times T_2$，从而实现 T_2 弛豫时间与孔隙半径之间的转换，达到运用核磁共振实验定量测试孔隙大小的目的。

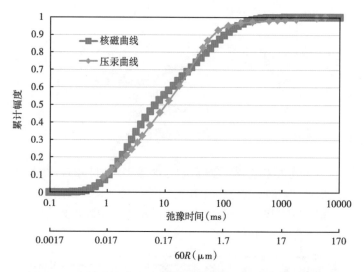

图 2-4-4　低渗透致密砂岩储层孔隙半径与 T_2 弛豫时间关系

根据核磁共振 T_2 谱线不同弛豫时间对应的孔隙大小划分标准，对于苏里格与须家河组气田大量低渗致密砂岩岩样核磁共振测试结果进行统计分析，得到了致密砂岩储层微观孔隙大小及其比例组成（图 2-4-5），可以发现，苏里格与须家河低渗致密砂岩储层多孔介质的微观组成存在一定的差异：须二段致密砂岩储层多孔介质主要由小孔隙（51%）和中孔隙（36%）组成，两者合计达到了 87%，是主要的储渗空间，而微孔隙占比只有 10%，不能起到决定性作用，大孔隙只有 3%，占比量太小，对于致密砂岩储层的储渗能力贡献有限；而苏里格低渗致密砂岩储层多孔介质除了小孔隙（42%）和中孔隙（32%）外，还存在一定量的大孔隙（20%），微孔隙占比更小（6%），其大孔隙对于储渗能力的贡献更为明显。

因此可知，苏里格低渗透致密砂岩储层物性要好于须二段储层。但是总的来看，低渗透致密砂岩储层的储渗能力主要决定于中孔隙、小孔隙储层，这也决定了其储量的规模和渗流能力的不足，因此气藏开发过程中"甜点"区域的优选就显得尤为重要。

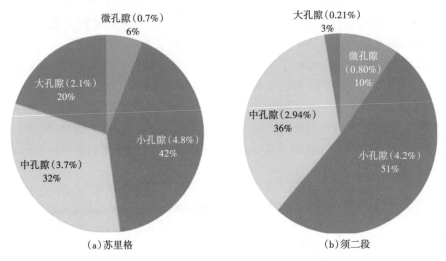

图 2-4-5　苏里格与须家河低渗透致密砂岩储层微观孔隙大小分布

第五节　储层微观孔喉分布特征对渗流能力的影响

致密砂岩储层微细孔喉发育，有效孔喉半径主要分布在 0.07~2μm 的范围内，集中分布在 0.5μm 左右，主流喉道半径分布在 0.8μm 左右，并且孔隙之间的连通性较差。这些孔隙结构特征是造成致密砂岩气藏渗流阻力大、开发效果差、采收率低的主要原因[6]。

根据致密砂岩储层孔喉特征，假设构成储层多孔介质的孔喉是由无数迂曲度为 1 的微米级圆柱形毛细管组成（图 2-5-1），在已知两截面之间的压差以及圆管长度的条件下，通过哈根—泊肃叶方程［式（2-5-1）］可以计算出不同半径圆管的单位时间流量 Q 以及毛细管产生的流阻 Z，以此来评价致密储层的渗流能力。

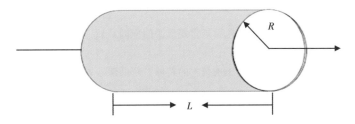

图 2-5-1　迂曲度为 1 的微米级圆柱形毛细管

$$Q = \frac{\pi R^4}{16\mu} \frac{(p_1^2 - p_2^2)}{Lp_{sc}}$$

$$Z = \frac{16\mu Lp_{sc}}{\pi R^4} \tag{2-5-1}$$

式中，p_1 为毛细管入口压力，MPa；p_2 为毛细管出口压力，MPa；L 为毛细管长度，μm；p_{sc} 为标准大气压，0.101325MPa；μ 为气体黏度，mPa·s；R 为毛细管半径，μm；Q 为气体流量，mL/s。

计算结果表明，在相同生产压差 10MPa 以及相同的毛细管长度 10μm 的条件下，毛细管半径对流阻和瞬时流量产生的影响明显，流阻与毛细管数成幂函数关系。对于低渗透储层，毛细管半径对流阻与流量的影响较小，毛细管半径从 5μm 减小到 2μm 时，流阻仅增大了 100 倍，同样单位时间流量缩小了 100 倍；但对于致密储层，其有效孔喉半径主要分布在 0.07~2μm 的范围内，当毛细管半径从 2μm 减小到 0.07μm 时，流阻几乎增大了 10^6 倍，同样单位时间流量也缩小了 10^6 倍（图 2-5-2）。由此可见，致密储层的微细孔喉对于气体流动产生了巨大的阻力，导致致密储层孔喉的流量大幅度减小，相对于低渗透储层，致密储层中的大部分气体无法得到有效动用，这是致密砂岩气藏采收率较低的根本性原因。

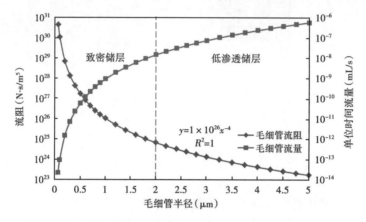

图 2-5-2　不同半径毛细管在 10MPa 压差下的流阻与瞬时流量

参 考 文 献

[1] 高树生，熊伟，钟兵，等．川中须家河组低渗砂岩气藏渗流规律及开发机理研究［M］．北京：石油工业出版社，2011．

[2] 高树生，胡志明，刘华勋，等．不同岩性储层的微观孔隙特征［J］．石油学报，2016，37（2）：248-256．

[3] 何顺利，焦春艳，王建国，等．恒速压汞与常规压汞的异同［J］．断块油气田，2011，18（2）：235-237．

[4] 高辉，解伟，杨建鹏，等．基于恒速压汞技术的特低、超低渗砂岩储层微观孔喉特征［J］．石油实验地质，2011，33（2）：206-211．

[5] GAO ShuSheng，YE LiYou，XIONG Wei. Nuclear Magnetic Resonance Measurements of Original Water Saturation and Mobile Water Saturation in Low Permeability Sandstone Gas［J］. Chinese Letters，2010，27（12）：217-218．

[6] 常进，高树生，胡志明，等．高压气体微管流动机理［J］．石油学报，2015，36（12）：1559-1563．

第三章　致密砂岩气藏储层产水机理

水是影响气藏开发的关键因素，特别是对于低渗透致密砂岩气藏，由于其自身的物性差、含水饱和度高、开发效果差[1-4]。致密砂岩气藏一般都具有较高的含水饱和度，但是不同的致密砂岩气藏储层，其含水的赋存状态不同，可动性也完全不同。不存在可动水的气藏开发过程中气体的渗流可以看作是单相渗流，渗流过程中阻力小，开发容易；而对于存在可动水的气藏，开发过程中是气、水两相渗流，渗流阻力大，气相相对渗透率降低[5,6]，同时在渗流过程中大量的气体被水圈闭，很难再采出，导致气藏开采难度增加，开发效果差。因此可以说致密砂岩气藏储层含水的可动性决定了致密砂岩气藏的开发方式和开发效果。

第一节　致密砂岩储层气水运移微观渗流机理

微观玻璃模型模拟实验是当前条件下模拟地层中孔喉流体渗流机理及分布规律的一种非常有效的手段，可以让研究人员非常直观清晰的观察流体在模拟地层孔喉中的流动规律，可很好的用于揭示致密砂岩储层气水运移微观渗流机理。

一、微观渗流模型制作与实验流程

实验用的微观仿真玻璃模型是中国石油天然气股份有限公司勘探开发研究院渗流流体力学研究所自主开发研制的一种透明的二维玻璃模型，采用光化学刻蚀工艺，将岩心铸体薄片的真实孔隙系统抽提出符合实验要求的孔隙网络系统，精密光刻到平面玻璃上，最后经高温烧结制成。微观模型的流动网格组合上具有储层岩石孔隙系统的真实标配性及相似的集合形状和形态分布的特点。标准模型大小为 40mm×40mm，孔隙直径一般为 50μm，最小孔径可达 10μm，孔道截面为椭圆形。模型孔喉表面的润湿性在高温烧制后都表现强的亲水性，但是根据实验需求，可以将模型孔喉表面处理为中性或亲水性。

将制作好的微观模型接入高温高压微观模型夹持器，根据实验需要可以进行常态或高温高压模拟实验。高压实验要求给模型加一定大小的围压，实验过程中将微观模型置于显微镜下，在显微镜的观察孔连接摄像头，然后接入数码摄像机和监视器，随时观察气、水渗流的实验过程，整个实验过程都可以在计算机上实现动态监控，并且可以随时保存。具体实验流程如图 3-1-1 所示。

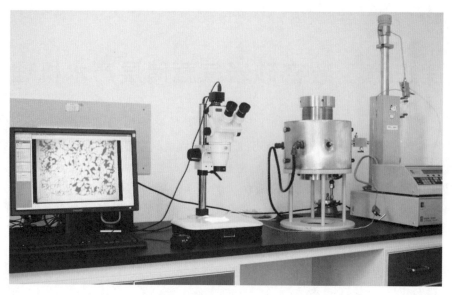

图 3-1-1　微观模型模拟气水渗流机理及分布规律实验流程

二、水驱气微观渗流机理

图 3-1-2 至图 3-1-7 是亲水微观模型水驱气过程中气、水在微观孔喉中的渗流机理和分布状态。可以发现充满气体的孔隙、喉道见水后，水主要沿着孔喉壁面快速突进，同时对大孔喉中的气体快速形成圈闭（图 3-1-2 至图 3-1-4）；被圈闭的气体在随后的渗流过程中很难再发生运移，特别是周围都被小喉道包围的大孔隙中的气体再流动的难度极大，除非在极高的驱动压力梯度下气体在小喉道中克服贾敏效应后变成小气泡或卡断裂解成一个个更小的气泡后才能流动（图 3-1-5 至图 3-1-7）。

由此可见，致密亲水砂岩气藏储层中一旦见水，其对储层伤害的程度相当严重，水流动过程中，一方面缩小了储层的孔喉半径、增加渗流阻力，另一方面导致大量气体被水圈闭、可采储量降低，最终导致严重降低气藏开发效果。

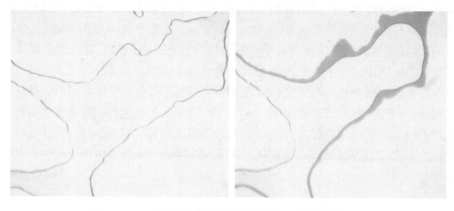

图 3-1-2　水驱气微观孔喉气水渗流机理及分布结果 a

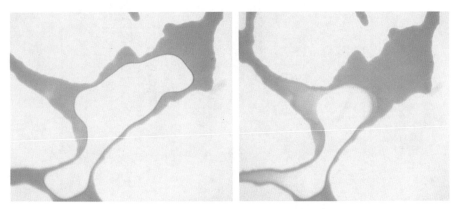

图 3-1-3　水驱气微观孔喉气水渗流机理及分布结果 b

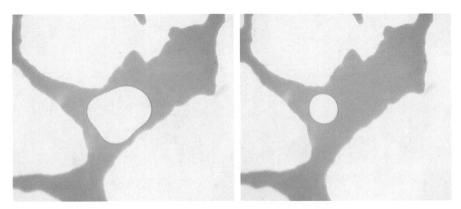

图 3-1-4　水驱气微观孔喉气水渗流机理及分布结果 c

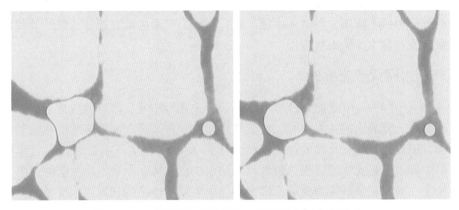

图 3-1-5　水驱气微观孔喉气水渗流机理及分布结果 d

水驱气微观模拟实验研究结果表明，亲水砂岩气藏见水后，水在多孔介质中的渗流速度很快，波及范围很大，但是水量不多，主要分布在多孔介质的壁面和细小的喉道中，由于致密砂岩气藏储层中微小喉道是决定储层渗流能力的关键因素，因而水相对细小孔喉的占据造成对气藏相当严重的伤害。水在多孔介质壁面和细小喉道中的存在造成的影响在宏观上表现

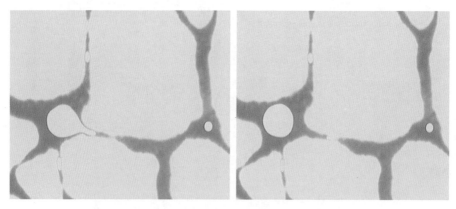

图 3-1-6　水驱气微观孔喉气水渗流机理及分布结果 e

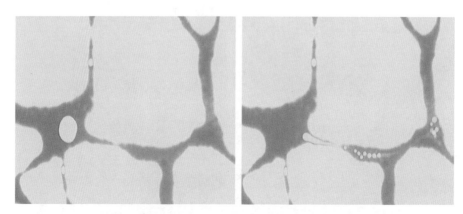

图 3-1-7　水驱气微观孔喉气水渗流机理及分布结果 f

为气相相对渗透率大大降低，储层渗流能力明显下降；而且水沿着细小喉道大范围分布对于大孔隙中的气体形成了圈闭，即气体水锁严重；再加上气藏的低渗透性，最终导致低渗透砂岩含水气藏开发难度大，采出程度低。

三、气驱水微观渗流机理

图 3-1-8 至图 3-1-10 是微观模型气驱水过程中孔喉中气、水渗流机理及分布状态。可以发现气体在进入充满水的孔喉中时，由于气体相对于水来讲对模型亲水的孔喉壁面是绝对的非润湿相，因此其只能在孔喉的中间流动（图 3-1-8）；随着气量的增加，气体逐渐占据了大孔喉的中间，但是孔喉壁面仍然附着较厚的水层，气体在小喉道中由于渗流阻力大，很难形成连续流，所以在驱替压力梯度不够大时，主要以不连续的气泡与水交替流动，渗流阻力大大增加，最终形成气、水互锁的状态，模型中气体主要存在于大孔喉中，水主要存在于小孔喉中和大孔喉的壁面上（图 3-1-10）。

由此可见，致密砂岩含水气藏含水饱和度的高低及其可动性对于其能否有效开发意义重大，因此致密砂岩气藏原始含水饱和度及其可动性的准确测试，是指导致密砂岩气藏有效开发的基础。

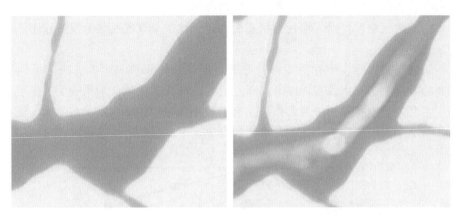

图 3-1-8　气驱水微观孔喉气水渗流机理及分布状态 a

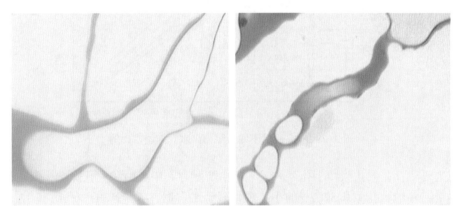

图 3-1-9　气驱水微观孔喉气水渗流机理及分布状态 b

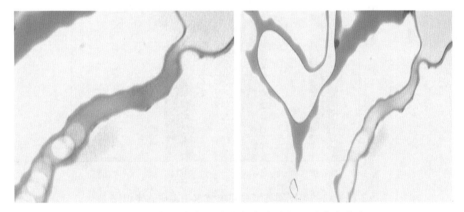

图 3-1-10　气驱水微观孔喉气水渗流机理及分布状态 c

第二节　致密砂岩储层气水赋存状态

致密砂岩气藏储层原始含水饱和度主要受储层微观孔隙结构特征控制，水相主要赋存在微孔隙和小孔隙内，气相主要赋存在中孔隙、大孔隙中，致密储层的微小孔喉比例越高，原始含水饱和度就越高，含气饱和度就越低；反之亦然。由于致密砂岩储层含水饱和度一般较高，导致致密砂岩气藏主要以气水互封状态而共存，这也是气藏衰竭开发过程中产水的主要原因。

致密砂岩储层微孔隙、小孔隙发育，一般占据孔隙体积50%以上，决定了储层原始含水饱和度高的特征。饱和水致密岩样不同离心力后的核磁共振测试结果表明，储层开发过程中的可动水主要来自中孔隙和少量大孔隙，有少量小孔隙内的赋存水参与流动，微孔隙内的水基本不参与流动。中孔隙、大孔隙含水饱和度决定了储层的产水特征（图3-2-1）。

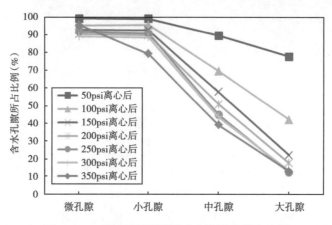

图3-2-1　离心后不同孔隙内含水孔隙所占比例

水相主要赋存在微孔隙和小孔隙内，气相主要赋存在中孔隙和大孔隙中。安岳须二气藏致密岩样95.2%的微孔隙和87.7%的小孔隙由残余水占据，42.79%的中孔隙和97.54%的大孔隙含气，可见中孔含水比例决定储层水相的可动性（图3-2-2）。

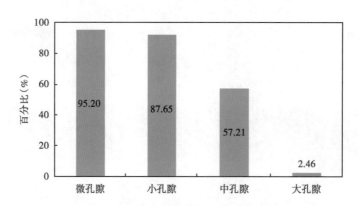

图3-2-2　不同类型孔隙中被水相占据的体积比

对于低渗透致密砂岩气藏来讲，水相一般为润湿相，主要分布在微细孔喉内及岩石表面，气体赋存在孔隙中间，微细孔喉包围、控制孔隙体，形成气水互封的共存状态（图3-2-3）。

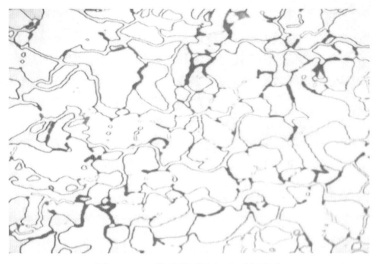

图 3-2-3　微观模型中气水互封状态

第三节　致密砂岩储层的产水机理

一、储层产水微观机理

微观模型含水状态下气藏开发物理模拟实验表明，对于致密砂岩气藏来讲，由于水相一般为润湿相，主要分布在微细孔喉内及岩石表面，气体赋存在孔隙内，含水微细孔喉包围控制孔隙体，形成气水互封的状态。

气藏开发过程中，随着储层压力逐步下降，压力降传导到孔隙内的气体时，气体体积迅速膨胀，对孔隙表面水相进行挤压，并对微细孔喉处的水相产生推动力，这种推动力只要大于某一微细孔喉处的毛细管压力束缚，这部分微细孔喉处及其控制的孔隙内的残余水就会被驱动，从而运移产出，成为可动水（图 3-3-1）。

另外，由于气藏开发过程远远快于成藏过程，因而开发过程中驱替压力梯度大于成藏过程中的驱替压力梯度，所以，成藏过程中部分未被驱出的水相可以在开发过程被驱替出，成为可动水。对于低渗透致密砂岩气藏，由于微细孔喉发育，残余水饱和度较高，衰竭式开发过程中压力梯度大，因而可动水产出量较大，严重影响气藏产能。

图 3-3-1　开发过程中孔隙内气体膨胀驱替水相流动过程

二、储层产水宏观机理

渗透率不同的岩样在不同压力梯度下气驱水实验结果表明（图3-3-2），渗透率大小是决定岩样最终含水饱和度高低的决定性因素，其次是驱替压力梯度大小，同样渗透率岩心驱替压力梯度越大，对应的最终含水饱和度就越低。以致密砂岩储层渗透率0.1mD为界，低于临界值的致密岩心驱替压力梯度大，一般起始驱替压力梯度都在10MPa/m以上，而且含水饱和度高，对应30MPa/m以上的驱替压力梯度的含水饱和度都在40%以上；而大于临界渗透率的岩心驱替压力梯度明显减小，对应的最大驱替压力梯度一般在10MPa/m以下，而且最终的含水饱和度能降至30%左右，基本达到了常规气藏的束缚水饱和度值。

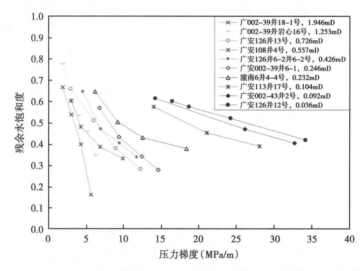

图3-3-2　不同渗透率岩心在不同驱替压力梯度下的残余水饱和度

气驱水残余水饱和度随驱替压力梯度增加而降低的实验结果表明（图3-3-3），岩心在初始高含水饱和度阶段，随着驱替压力梯度的增大，残余水饱和度降低缓慢，主要是由于气相饱和度小于20%，不能产生连续气相运移。随着驱替压力梯度的进一步增大，气相饱和

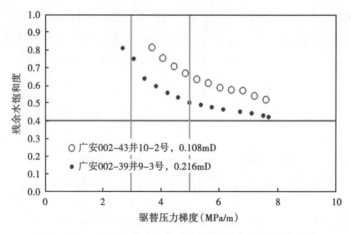

图3-3-3　岩心残余水饱和度与驱替压力梯度变化关系

度逐步增加，达到临界含气饱和度 20% 后，逐渐形成连续运移，这时气相运移进入大喉道及其控制的孔隙中，使得含水饱和度快速降低，当含水饱和度降低到 50% 后，气相进入更细小的喉道及孔隙的难度加大，驱替压力梯度的增加导致含水饱和度缓慢降低。

总的来看，残余水饱和度随驱替压力梯度的增大而减小，在驱替压力梯度介于 3 ~ 5MPa/m 迅速下降至 50%，大于 5MPa/m 后缓慢下降至 40% 左右。说明特定储层对应含水饱和度急剧变化的驱替压力梯度区间。低渗透致密砂岩气藏储层含水饱和度一般在 40% ~ 60%，高于束缚水饱和度，存在 0 ~ 20% 的可动水饱和度，驱替压力梯度越大，水相越容易动用，而且含水饱和度大于 50% 时，水相动用效果更佳明显。

根据低渗透致密砂岩气藏储层气水赋存状态与水的可动性研究结果，设计两组物理模拟实验来研究致密砂岩气藏的产水动态及其影响因素，并开展相应的数值模拟计算，揭示气藏产水的宏观机理。实验模拟储层分为两种：一种是类似于常规气藏气水分异明显的低渗透致密储层，另一种是气水互封状态下的低渗透致密储层，对比分析、研究水封气状态及气、水能量对储层产水规律的影响，图 3-3-4 是气水关系物理模拟示意图。

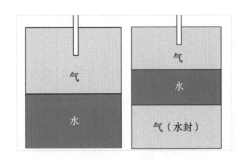

图 3-3-4 储层气水关系物理模拟实验示意图

实验研究结果表明，对于气水分异明显的致密砂岩气藏储层（构造高部位甜点区），由于水相弹性膨胀能力小，且储层致密、渗透率低，储层产水量很小，而且水体倍数对其影响也不大，整个来看，对于气体产能影响不大，可以忽略不计。而对于气水互封的同样储层，采气过程中岩心的水侵量达到了 0.2PV，严重影响气井产能（图 3-3-5），可见气水之间的赋存关系对于气井产水有重要影响。

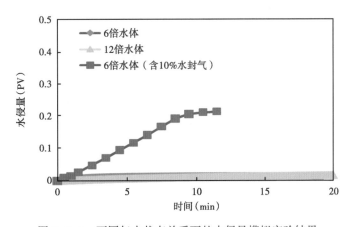

图 3-3-5 不同气水状态关系下的水侵量模拟实验结果

图 3-3-6 是不同水封气量下气井开发过程中的水侵动态数值模拟计算结果，具体模拟储层的渗透率为 1mD，孔隙度 10%，含水饱和度 50%，日产气量 $2×10^4m^3$，发现产气过程中，水封气能量越高，储层越容易产水；随可动水饱和度增加（对于束缚水饱和度一定的储层，即原始含水饱和度增加），气井开发过程中的水侵量显著增加，由不含水封气到 0.1PV 水封气，对应的水侵量由 0 增加到近 0.12PV，导致气井产能受到严重影响[7]。由此

可见，致密砂岩气藏储层产水量在宏观上主要受到2个方面的因素控制：一是水封气量的多少，也就是水封气体能量大小，二是可动水饱和度的高低。

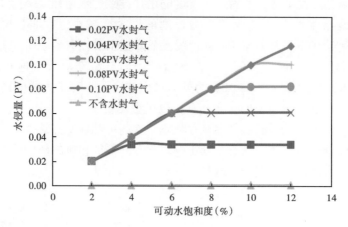

图 3-3-6　致密砂岩气藏的水侵动态数值模拟结果

参 考 文 献

［1］高树生，侯吉瑞，杨洪志，等．川中地区须家河组低渗透砂岩气藏产水机理［J］．天然气工业，2012，32（11）：40-42.

［2］高树生，叶礼友，熊伟，等．大型低渗致密含水气藏渗流机理及开发对策［J］．石油天然气学报，2013，35（7）：93-99.

［3］叶礼友，高树生，杨洪志，等．致密砂岩气藏产水机理与开发对策［J］．天然气工业，2015，35（2）：41-46.

［4］高树生，熊伟，刘先贵，等．低渗透砂岩气藏气体渗流机理实验研究现状及新认识［J］．天然气工业，2010，30（1）：52-55.

［5］高树生，熊伟，钟兵，等．川中须家河组低渗砂岩气藏渗流规律及开发机理研究［M］．北京：石油工业出版社．2011.

［6］熊伟，高树生，胡志明，等．低、特低渗透砂岩气藏单相气体渗流特征实验［J］．天然气工业，2009，29（9）：75-77.

［7］刘华勋，任东，高树生，等．边、底水气藏水侵机理与开发对策［J］．天然气工业，2015，35（2）：47-53.

第四章 致密砂岩气藏采收率影响因素分析

由于致密砂岩气藏储层具有孔隙度、渗透率低，含水饱和度高的显著特征，导致其开发难度大，采收率影响因素多，影响机理复杂[1,2]。明确致密砂岩气藏采收率影响因素及其影响机理对于指导气藏的高效开发具有重要意义。本章通过 10cm 全直径岩心、7cm 全直径岩心、3.8cm 长岩心以及 2.5cm 标准岩心之间的不同组合来模拟气藏衰竭开发实验，研究孔隙度、渗透率、含水饱和度、非均质性等影响因素对致密砂岩气藏采收率的影响，确定致密砂岩气藏采收率影响的关键因素。

第一节 渗透率对采收率的影响

一、实验方法研究

1. 衰竭式开发物理模拟实验方法

应用高精度回压阀和高压气体质量流量计，建立了致密砂岩气藏的衰竭开发物理模拟实验系统，实验流程如图 4-1-1 所示。通过物模实验的方法，研究不同因素对致密砂岩气藏生产动态以及采收率的影响。为确保实验结果的精确性，岩样两端的压力传感器精度为 0.001MPa，出口端气体的流量采用 1000mL 量程的气体质量流量控制器来计量。

渗透率对采收率影响规律物理模拟实验的具体步骤如下：

第一步：根据取心情况以及开发地质资料，选择合适的全直径岩心，其中岩心的渗透率、孔隙度与主力储层物性参数相当。

第二步：首先将全直径岩心烘干，测量岩心干重 W_0，然后抽真空饱和模拟地层水，待饱和充分后测量岩心湿重 W_1。

第三步：按照实验流程图连接好实验装置（图 4-1-1），将饱和地层水的全直径岩心放入岩心夹持器内。根据岩心的孔隙度和渗透率物性参数，确定一个合适的驱替压力，在该驱替压力下用加湿氮气驱替岩心中的地层水，直至达到所需的束缚水状态，取出岩心测量湿重 W_2，计算此时岩心的含水饱和度 S_{w1}。

第四步：根据实际地层条件，将全直径岩心饱和初始压力至 30MPa，围压（上覆压力）保持在 50MPa。

第五步：关闭入口阀门，打开出口阀门，进行衰竭式开发动态物理模拟实验。应用数据采集系统实时记录关键实验数据：压力传感器实时记录压力的变化过程，气体质量流量计记录实验过程中的瞬时产气量与累计产气量。当出口端压力小于废弃压力时，结束衰竭式开发实验。

第六步：更换不同渗透率的全直径岩心，重复第三步至第五步实验内容，完成所有物理模拟实验。

第七步：根据实验记录数据和岩心参数，绘制不同渗透率岩心的物模生产动态曲线，从而分析储层渗透率对采收率的影响规律。

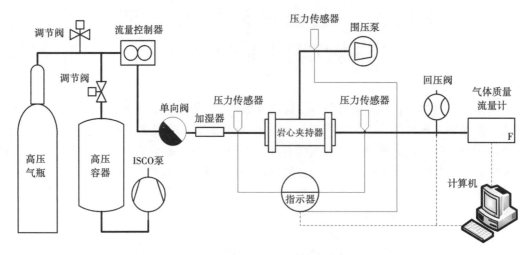

图 4-1-1　全直径岩心衰竭式开发物理模拟实验流程图

2. 实验岩样参数

选择须家河组致密砂岩气藏的全直径岩样，开展不同条件下的衰竭式开发物理模拟实验研究，岩样覆压渗透率主要分布在 0.007~0.301mD，考虑非均质性，选择了一块渗透率为 0.919mD 的全直径岩心，岩心的基础物性参数见表 4-1-1。

表 4-1-1　不同渗透率的全直径岩心基础物性参数

井号	岩心号	长度（cm）	直径（cm）	渗透率（mD）	孔隙度（%）	含水饱和度（%）
岳 101-87-X1	全 1	16.490	10.035	0.007	7.49	52.55
岳 101-26-X1	全 2	16.776	10.012	0.013	8.02	55.93
岳 101-87-X1	全 3	15.920	10.012	0.032	9.85	55.33
岳 101-26-X1	全 4	13.050	10.370	0.054	12.54	54.00
岳 101-3C1	全 5	13.200	10.300	0.104	13.53	50.36
岳 101-3C1	全 6	13.390	10.374	0.301	12.92	56.03
广 105	全 7	16.700	10.016	0.919	10.81	52.55

二、渗透率对采收率的影响

通过开展不同渗透率的全直径致密岩心衰竭式开发物理模拟实验，为了统一模拟开发实验条件，结合气井实际生产情况，在不产水情况下，设置出口端 8MPa 作为废弃压力，如果出口有水产出，则直接停止实验，对不同条件下各组模拟实验数据进行分析，从而得到不同渗透率模拟气藏的采收率（图 4-1-2）。实验结果表明，在相同的含水饱和度条件下，储层越致密，废弃采出程度越低。

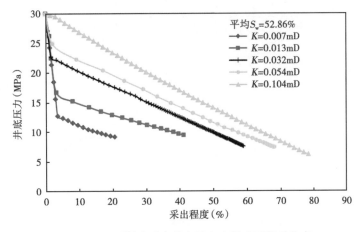

图 4-1-2 不同渗透率致密岩心衰竭式开发采收率

对于致密储层，亚微米级孔喉以及水膜产生了较大的气体渗流阻力，造成气体的渗流速度较低，岩心出入口两端的生产压差较大（图 4-1-3）。

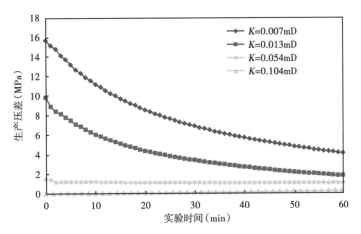

图 4-1-3 生产压差随实验时间变化关系（平均 S_w = 52.86%）

而对于渗透率较高的低渗透储层（大于 0.1mD），气体在渗流过程中半径较大的渗流通道更多，实验过程中岩心出入口两端的压差很小（图 4-1-3）。不同渗透率低渗透岩心的衰竭式开发物理模拟实验结果（图 4-1-4）表明，对于储层渗透率大于 0.1mD 且小于 1mD 的低渗透模拟气藏，在相同含水饱和度条件下，气藏采收率基本相同，均保持在 80% 左右。产生这一结果的主要原因有两个方面：一是低渗透储层的主流喉道半径在 1μm 左右，而水膜厚度通常仅在 0.04μm 左右，水膜厚度难以对储层的有效渗流空间产生较大的影响，渗流能力明显高于致密储层，导致采收率偏高；二是模拟岩心孔隙体积太小，开发过程中几乎没有实际气藏存在的各种附加阻力，导致采收率偏高。这也是物理模拟实验的局限性所在。

由此可知：渗透率是气藏采收率的最主要影响因素，随着储层渗透率的增大，参与气体流动的有效孔喉半径逐渐变大，气体的渗流阻力随之减小，气藏采收率会大幅升高；但是当储层渗透率大于 0.1mD 时，较大孔喉半径和水膜厚度对气体产生的渗流阻力很小，不同渗透率岩心的井底压力与采出程度关系曲线近乎趋于一致。

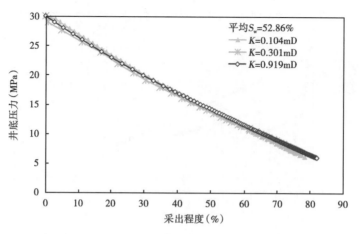

图 4-1-4　不同渗透率低渗透岩心衰竭式开发采收率

三、小结

（1）存在气藏采收率发生显著变化的临界渗透率 0.1mD，即致密储层渗透率上限；对于储层平均渗透率大于 0.1mD 的气藏，即低渗透气藏，渗透率的变化不会显著影响气藏采收率，气藏最终采收率基本都在 80% 左右[3,4]。

（2）对于储层平均渗透率小于 0.1mD 的致密气藏，气藏采收率与渗透率基本成指数函数关系，既随着渗透率的逐渐减小，会造成气藏采收率大幅下降（图 4-1-5）。

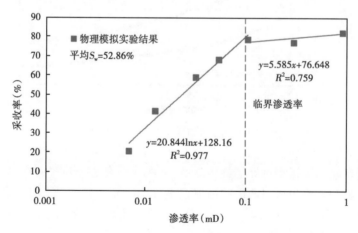

图 4-1-5　含水饱和度 52.86% 条件下渗透率对采收率的影响

第二节　含水饱和度对采收率的影响

一、实验方法

致密砂岩储层含水饱和度较高，较常规气藏而言含水饱和度影响更为明显，由于致密砂岩储层渗流能力有限，含水严重降低了其原本有限的渗流能力，导致气藏开发困难，严重影响采收率。采用衰竭式开发物理模拟实验的研究方法，针对含水饱和度对采收率的影响开展物理模拟实验研究。具体实验步骤如下：

第一步至第五步与上节的实验步骤相同。

第六步：将此全直径岩心重新饱和地层水，并更换驱替压力，建立新的束缚水状态，重复第四步至第五步实验内容，完成所有物理模拟实验。

第七步：根据实验记录数据和岩心参数，绘制不同含水饱和度条件下的物模生产动态曲线，从而分析储层含水饱和度对采收率的影响规律。

致密砂岩气藏储层含水饱和度一般介于30%~70%，选择渗透率为0.013mD的致密砂岩全2号岩心（表4-1-1），应用不同的驱替压力分别建立30%~70%的束缚水饱和度，用以模拟含水饱和度对致密砂岩气藏渗流特征以及采收率的影响。

二、含水饱和度对采收率的影响

根据全2号岩心衰竭式开发物理模拟实验结果，得到不同含水饱和度条件下、同一模拟气藏的最终采收率，进而研究含水饱和度对于气藏采收率的影响规律。含水饱和度较低（不大于40.86%）的条件下，全2号岩心的物理模拟实验结果表明（图4-2-1），当储层的原始含水饱和度分别为0、30.37%和40.86%时，对应的模拟气藏采收率分别为52.80%、48.98%和46.91%。在生产中后期，气藏井底压力与采出程度呈线性关系，并且线性关系曲线基本重合，说明此条件下含水饱和度对采收率的影响规律基本趋于一致。

储层水赋存状态研究结果表明，当致密储层的原始含水饱和度较低时，储层中的孔隙水主要以束缚水的形式赋存在孔喉表面，在一定程度上减小了孔喉半径，限制了气体的渗流空间，但是气体还是单相渗流，由于没有自由水的流动，对气体产生渗流阻力不大。因此，对于含水饱和度小于40%的致密砂岩气藏，特别是含水饱和度小于30%时，储层原始含水饱和度对气藏采收率的影响程度较小。

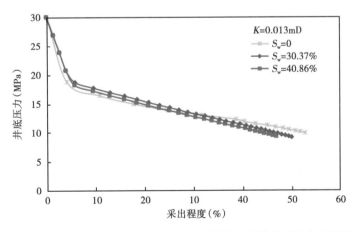

图4-2-1　低含水饱和度条件下全2号岩心衰竭式开发实验结果

在含水饱和度较高（大于51.93%）的条件下，全2号岩心的物理模拟实验结果表明（图4-2-2），当储层的原始含水饱和度分别为51.93%、60.74%和70.80%时，气藏最终采收率分别为41.21%、26.74%和14.73%。在生产早期，储层的原始含水饱和度越高，气藏平均压力下降的速度就越快，导致地层能力的消耗过大，气藏采收率较低。在相同废弃井底压力 5MPa 的条件下，随着储层原始含水饱和度的不断增大，气藏采收率会大幅度减小，并且减小幅度会逐渐增大，含水饱和度 70.80% 模拟气藏的采收率比含水饱和度 51.93% 降低 26.48%。

储层产水机理研究结果表明，当致密储层的原始含水饱和度较高时，部分孔隙水会在气体弹性膨胀驱动的作用下，从束缚水的赋存状态逐渐转化成可动水，从而形成气水两相渗流，使气体在渗流过程中的渗流阻力大幅度增加，导致储层中的部分气体得不到有效动用，气藏最终采收率大幅度减小。此外，储层的原始含水饱和度越高，转化出的可动水在储层孔隙水中所占比例就越大，对气藏采收率的影响程度也就越大。因此，对于含水饱和度大于 50% 的致密砂岩气藏，储层的原始含水度会对采收率产生较大影响，此类气藏采收率的主要影响因素是储层原始含水饱和度。而对于含水饱和度 40%~50% 的气藏，含水饱和度对于气藏采收率的影响程度介于上述两者之间。

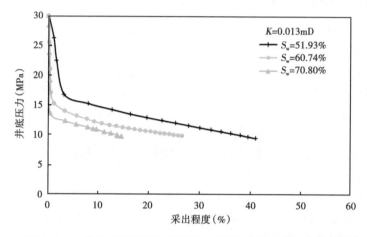

图 4-2-2　高含水饱和度条件下全 2 号岩心衰竭式开发实验结果

三、小结

（1）致密砂岩气藏存在采收率发生急剧下降的临界含水饱和度，一般在 40% 左右（图 4-2-3）。

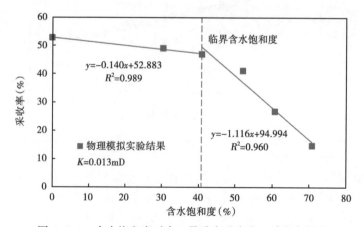

图 4-2-3　含水饱和度对全 2 号致密砂岩岩心采收率影响

（2）当储层的原始含水饱和度低于临界含水饱和度时，储层中的孔隙水基本以束缚水的形式赋存在孔喉表面，对气体的渗流能力以及气藏采收率产生的影响不大，此条件下不同含水饱和度气藏的采收率基本一致，特别是含水饱和度小于30%时，更是如此。

（3）当储层的原始含水饱和度高于临界含水饱和度时，部分孔隙水会在气体弹性膨胀驱动的作用下，从束缚水的赋存状态逐渐转化成可动水，导致气水两相渗流，形成较大的气体渗流阻力，最终造成气藏采收率随含水饱和度的升高而大幅度减小（图4-2-3、图4-2-4）。

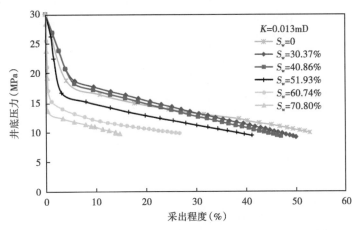

图4-2-4　全2号岩心不同含水饱和度下的衰竭式开发实验结果

第三节　地层压力系数对采收率的影响

一、实验方法

不同地区的致密砂岩气藏的原始地层压力存在很大差异，例如四川盆地西北部的白马庙蓬莱组气藏平均原始地层压力仅为11.23MPa，鄂尔多斯盆地的苏75气藏以及四川盆地中部的安岳须二气藏平均原始地层压力均在30MPa左右（分别为29.39MPa、33.22MPa），但与安岳气藏同一层位的平落坝须二气藏的原始地层压力竟达到了41.50MPa，可见不同区域的致密砂岩气藏地层压力系数存在很大的差别。因此，针对地层压力系数开展全岩心衰竭式开发物理模拟实验，研究地层压力系数对采收率的影响。具体实验步骤如下：

第一步至第五步与上节的实验步骤相同。

第六步：将此全直径岩心分别重新饱和初始压力致10MPa、20MPa、40MPa，围压（上覆压力）根据实际气藏的埋藏深度进行相应调整。重复第四步至第五步实验内容，完成所有物理模拟实验。

第七步：根据实验记录数据和岩心参数，绘制不同地层压力系数条件下的物模生产动态曲线，从而分析原始地层压力对采收率的影响规律。

根据致密砂岩气藏特征，选择渗透率0.032mD，束缚水饱和度53.02%的全3号岩心（表4-1-1），开展地层压力系数对致密砂岩气藏渗流特征以及采收率影响实验研究。

二、地层压力系数对采收率的影响

根据全 3 号岩心衰竭式开发物理模拟实验结果，得到不同地层压力系数条件下，模拟气藏的最终采收率。

全 3 号岩心在不同原始地层压力下的物理模拟实验结果表明，当模拟储层的原始地层压力分别为 10MPa、20MPa、30MPa、40MPa 时，对应的气藏采收率分别为 10.77%、46.92%、58.94%、68.26%（图 4-3-1）。可见在相同的废弃井底压力条件下，气藏的原始地层压力越大，气体在渗流过程中弹性膨胀能量就越大，储层中能得到有效动用的气体就越多，气藏的最终采收率也就越大。并且随着气藏原始地层压力的逐渐减小，气藏采收率也逐渐减小，而且减小程度越来越大。

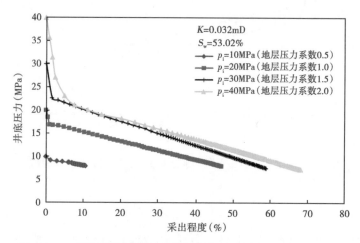

图 4-3-1　不同原始地层压力下全 3 号岩心衰竭式开发实验结果

产生以上实验结果的主要原因：气体在含水饱和度 53% 的致密储层中渗流会产生阈压效应，受到阈压梯度的限制作用，致密砂岩气藏在生产开发过程中存在一定的极限井控半径[5]。根据渗流力学原理，只有当气藏边缘压力梯度大于阈压梯度时气体才能发生流动，随着气井泄流半径的逐渐增加，使气体保持流动的边缘压力也逐渐增大，当所需边缘压力达到气藏原始压力时，超出此泄流半径范围的气体将不再发生流动，即

$$\frac{(p_e^2 - p_w^2)}{\ln\left(\dfrac{r_e}{r_w}\right)} \frac{1}{2r_e p_e} \geqslant \lambda \qquad (4-3-1)$$

式中，p_e 为边界压力，MPa；p_w 为井底压力，MPa；r_e 为供给半径，m；r_w 为井筒半径，m；λ 为阈压梯度，MPa/m。

假设致密砂岩气藏的阈压梯度 $\lambda = 0.002$MPa/m，将阈压梯度值代入式（4-3-1）进行计算，即可以得出如下结论：在相同的废弃条件下，气藏的原始地层压力越大，气藏在生产开发过程中的极限单井井控半径就越大；对于埋藏深度为 2000m 的储层，当储层的原始地层压力分别为 10MPa、20MPa、30MPa、40MPa 时，对应的地层压力系数会从 0.5 增大到 2.5，渗透率为 0.032mD、含水饱和度为 53.02% 的致密气藏储层的极限井控半径分别为

110. 80m、248. 20m、367. 65m、480. 64m（图4-3-2）。由此可见，气藏的地层压力系数越大，气藏的可动用程度就越大，气藏的最终采收率也就越高。

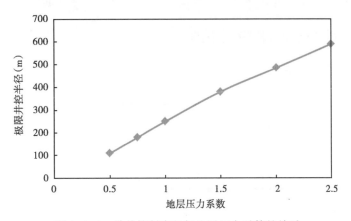

图4-3-2 单井控制半径与地层压力系数的关系

三、小结

（1）在相同的废弃条件下，地层压力系数对采收率产生较大影响，采收率与地层压力系数的关系曲线呈对数函数关系（图4-3-3）。

（2）受阈压梯度的影响，气藏的地层压力系数越大，气藏在生产开发过程中的极限井控半径也越大，气藏的可动用程度就越大，气藏的最终采收率也就越高（图4-3-3）。

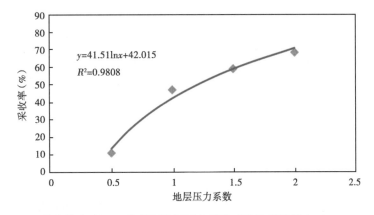

图4-3-3 含水饱和度53%条件下地层压力系数对采收率的影响（$K=0.032mD$）

第四节 废弃井底压力对采收率的影响

一、实验方法

由于气体的弹性膨胀能量是致密砂岩气藏开发过程中最主要的能量供给源，因此理论上来说，气藏的泄流半径边缘与井底之间的压差越大，气藏中可动用的气体就会越多，气藏最终采收率也就越大。但是，气藏的原始地层压力是成藏时就已经固定，目前的开发技术很难大幅度提高原始地层压力，因此废弃井底压力值的选取就会显著影响采收率。

根据全 4 号、全 5 号两块全直径岩心（表 4-1-1）物理模拟实验数据结果，对其按照不同的废弃条件进行计算，以发现废弃井底压力对致密砂岩气藏采收率的影响。

二、废弃井底压力对采收率的影响

图 4-4-1 是全 4 号、全 5 号致密岩心的衰竭式开发物理模拟实验结果。

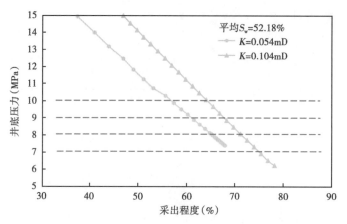

图 4-4-1　不同废弃井底压力下两块全岩心衰竭式开发实验

全 5 号岩心不同废弃条件下的计算结果表明，废弃井底压力分别为 7MPa、8MPa、9MPa、10MPa 时，对应的气藏采收率分别为 75.29%、71.23%、67.67%、64.11%。可见废弃井底压力每提高 1MPa，气藏采收率下降 4% 左右，采收率的下降趋势基本趋于一致（图 4-4-2）。

全 4 号岩心的计算结果也表明相同的规律。当废弃井底压力分别为 7MPa、8MPa、9MPa、10MPa 时，气藏采收率为 67.99%、65.11%、62.18%、59.17%。由于此岩心的储层更为致密，受微观孔隙结构的影响，它的原有废弃压力较高（7.55MPa），提高废弃井底压力对其采收率的影响程度相对较小。该井废弃井底压力每提高 1MPa，气藏采收率仅下降 3% 左右，但采收率的下降趋势同样基本趋于一致（图 4-4-2）。

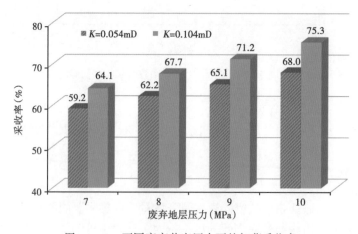

图 4-4-2　不同废弃井底压力下的气藏采收率

三、小结

气藏开发过程中，废弃井底压力对气藏采收率影响显著，气藏采收率与废弃井底压力基本呈线性函数关系[6]（图4-4-3）。

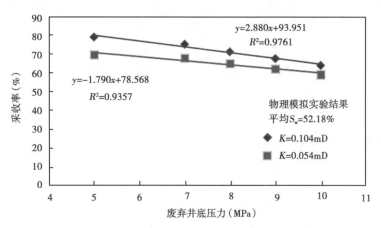

图4-4-3　不同废弃井底压力下的采收率变化规律

第五节　储层纵向非均质性对采收率的影响

一、多层开发岩心并联物模实验方法

致密砂岩气藏储层普遍具有孔隙度、渗透率低，含水饱和度高，而且泥质隔夹层多、纵向非均质性严重的地质特征，其渗透率在纵向分布上差异较大，由于泥质隔夹层的大量存在导致储层之间的连通性较差，基本没有越层窜流现象发生。因此，在开展纵向非均质气藏衰竭式开发物理模拟实验时可以无须考虑层间窜流产生的影响。纵向非均质衰竭开发物理模拟实验流程如图4-5-1所示，具体实验步骤如下：

第一步至第五步与上述实验步骤相同。

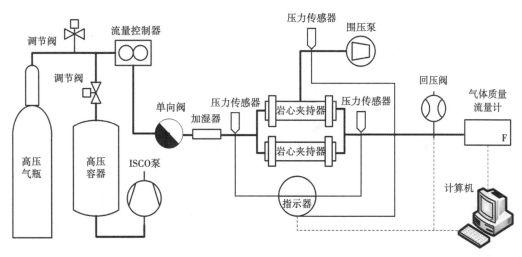

图4-5-1　全直径岩心并联开发物理模拟实验流程

第六步：更换具有不同渗透率级差的两块全直径岩心，重复第三步至第五步实验内容，完成所有物理模拟实验。

第七步：根据实验记录数据和岩心参数，绘制具有不同渗透率级差岩心组合的物模生产动态曲线，从而分析储层纵向非均质性对采收率的影响规律。

选择5块全直径岩心，渗透率级差在2~104（表4-5-1），开展三组并联衰竭开发气藏模拟实验，根据物模实验结果，分析研究致密砂岩气藏储层纵向非均质性对气藏采收率的影响。

表4-5-1 不同组合岩心的基础物性参数

组合	井号	岩心号	长度（cm）	直径（cm）	渗透率（mD）	孔隙度（%）	含水饱和度（%）
组合1	X1	全23	14.490	10.310	0.001	7.83	49.95
	C1	全21	13.200	10.300	0.104	13.53	50.49
组合2	X1	全24	14.370	10.580	0.011	9.17	50.00
	C1	全21	13.200	10.300	0.104	13.53	50.13
组合3	X1	全22	15.920	10.012	0.032	9.85	50.34
	X1	全25	14.773	10.317	0.070	10.28	51.05

二、纵向非均质性对采收率的影响

图4-5-2是全23号岩心与全21号岩心（岩心组合1）并联开发分层计量的物理模拟实验结果，两块岩心的渗透率分别为0.001mD、0.104mD，渗透率级差达到104，储层的非均质系数达到了0.981，表现为强非均质性。实验结果表明，对于纵向非均质性强的致密砂岩气藏，当其相对高渗透层与相对低渗透层的渗透率级差达到100以上时，在生产过程中，层与层之间的压差会快速增大，最大可以达到10.68MPa（图4-5-3），当高渗透层的采收率为60.80%时，低渗透层的采收率只有36.40%，说明在高渗透层的可动用储量得到充分衰竭开发以后，低渗透层中大量的气体仍然保留在储层中，难以得到有效动用，因而造成的非均质气藏采收率大幅下降，气藏最终整体采收率仅为48.27%（图4-5-3）。

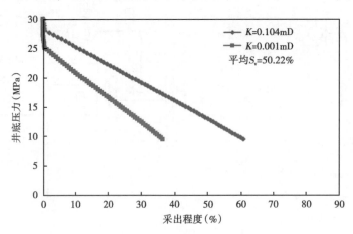

图4-5-2 岩心组合1的并联开发分层计量实验结果

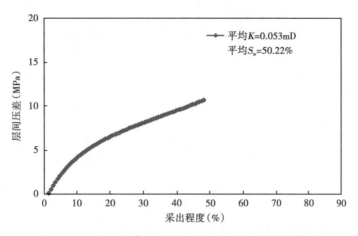

图 4-5-3　岩心组合 1 的层间压差与采出程度关系曲线

图 4-5-4 是全 24 号岩心与全 21 号岩心（岩心组合 2）并联开发分层计量的物理模拟实验结果。两块岩心的渗透率分别为 0.011mD、0.104mD，渗透率级差为 10，储层的非均质系数为 0.754，储层表现为中等非均质性。实验结果表明，对于纵向非均质性中等的致密砂岩气藏，当其相对高渗透层与相对低渗透层的渗透率极差达到 10 左右时，在生产过程中，层与层之间的压差较小，一般保持在 1MPa 左右（图 4-5-5），相对高渗透层的采收率为 65.53%，相对低渗透层的采收率为 58.93%，说明相对高渗透层与低渗透层的可动用储量都可以得到较充分的衰竭开发，非均质气藏的采收率整体较高，最终采收率达到 64.27%（图 4-5-5）。

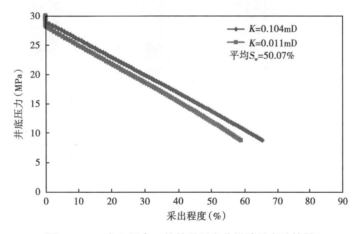

图 4-5-4　岩心组合 2 的并联开发分层计量实验结果

应用同样的研究方法，对全 22 号与全 25 号（岩心组合 3）开展了并联开发物理模拟实验研究。两块岩心的渗透率分别为 0.032mD、0.070mD，渗透率极差为 2 倍，储层的非均质系数为 0.444，储层的纵向非均质性较弱。实验结果表明，生产过程中，层与层之间的压差极小，可以忽略不计，基本可以当作同一均质储层来开发，相对高渗透层的采收率为 66.03%，相对低渗透层的采收率为 62.67%，相对高渗透层与低渗透层的可动用储量同样都可以得到充分的衰竭开发，非均质气藏的采收率整体较高，最终采收率可以达到 64.30%。

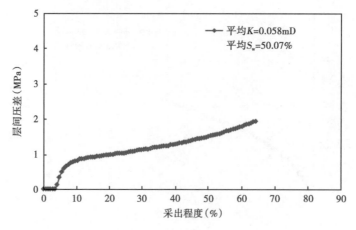

图 4-5-5　岩心组合 2 的层间压差与采出程度关系曲线

三组非均质系数不同的非均质模拟气藏对应不同储层的采收率统计结果如图 4-5-6 所示。

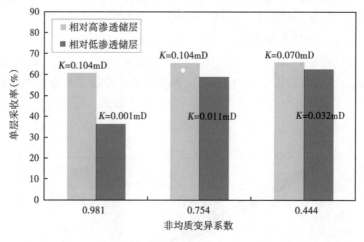

图 4-5-6　三组非均质气藏单层采收率与非均质变异系数的关系

三、小结

（1）对于纵向非均质致密砂岩气藏，采收率与非均质变异系数呈线性函数关系，并且存在采收率发生急剧下降的临界非均质变异系数 0.75（图 4-5-7）。

（2）当储层的非均质变异系数小于临界值时，储层的纵向非均质性影响较弱，相对高渗透层与相对低渗透层的可动用储量都可以得到充分的衰竭开发，此时非均质系数对采收率的影响程度较小（图 4-5-7）。

（3）但当储层的非均质变异系数大于临界值时，在相对高渗透层的可动用储量得到充分衰竭开发以后，相对低渗透层中大量的气体仍然滞留在储层中难以得到有效动用，导致非均质气藏最终采收率大幅下降（图 4-5-6）。

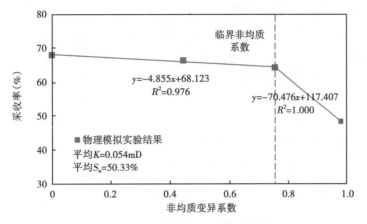

$$y=-4.855x+68.123$$
$$R^2=0.976$$

$$y=-70.476x+117.407$$
$$R^2=1.000$$

临界非均质系数

■物理模拟实验结果
平均$K=0.054$mD
平均$S_w=50.33\%$

采收率（%）

非均质变异系数

图 4-5-7　储层的纵向非均质性对采收率的影响

第六节　泄流半径对采收率的影响

一、长岩心多测压点开发物模实验方法

多测压点长岩心夹持器可夹持长 40cm、直径 3.8cm 的长岩样，夹持器上设计安装 6 个高精度压力传感器，可以检测衰竭开发过程中岩样不同部位的压力变化，用以模拟研究致密砂岩气藏开发过程中压力传导规律及泄流距离对采收率的影响。具体实验步骤如下：

第一步至第五步与上述实验步骤相同。

第六步：更换不同渗透率或不同含水饱和度的长岩心，重复第三步至第五步实验内容，完成所有物理模拟实验。

第七步：根据实验记录的出口端气体累计流量以及长岩心不同区域的压力变化过程，分析开发过程中不同区域压力变化规律及气体动用规律，从而明确泄流距离对采收率的影响规律。多测压点长岩心开发物理模拟实验流程如图 4-6-1 所示。

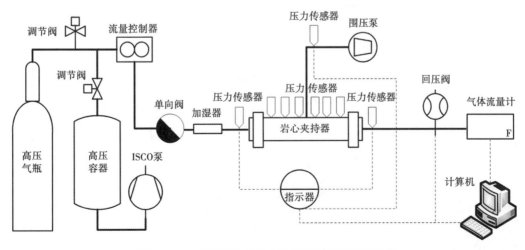

图 4-6-1　多测压点长岩心开发物理模拟实验流程

二、泄流距离对采收率的影响

渗透率 0.010mD、含水饱和度 60.29% 的长岩心衰竭式开发模拟实验（出口定压 5MPa）不同位置的压力变化实验结果表明（图 4-6-2），对于致密高含水储层，不稳定渗流时间较长，生产 30s 时远端才开始出现压降，并且压降漏斗陡峭，距离出口端较近区域的压力梯度很大，而较远区域的压力梯度下降速度非常缓慢，说明致密储层的泄流半径小、井控范围有限，距离泄流面越远，气藏的采出程度越低。据此提出致密砂岩气藏有效开发的主要方法：通过水平井开发或对储层进行大规模压裂改造，以达到增加泄流面积、降低各泄流面之间的距离、减小渗流阻力、降低废弃产量、降低井底流压的目的。

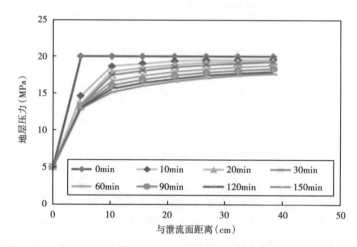

图 4-6-2　长岩心开发模拟过程中不同位置的压力变化（$S_w = 60.29\%$）

根据物质平衡理论，对长岩心的每一个测压区域开展物质平衡计算，计算结果可以表征每一个测压区域的采出程度。对于致密高含水储层，渗流阻力大，气相渗流能力弱，距出口端的距离越大，该区域的地层压力下降越缓慢，导致气藏废弃时的平均地层压力很高。实验说明致密高含水储层的储量动用速度缓慢，不同位置的采出程度差距较大，出口端近井地带的采出程度可以达到 70%，而远离出口端 40cm 区域的采出程度仅为 10%，这种巨大的动用差异性导致致密气藏整体采收率很低（图 4-6-3）。

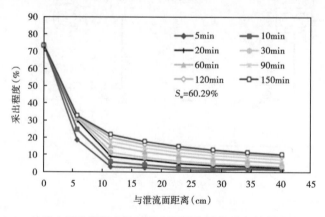

图 4-6-3　长岩心开发模拟实验过程中不同位置的采出程度（$S_w = 60.29\%$）

当长岩心含水饱和度降到 40.37% 时，气体不稳定渗流时间明显变短，生产 10s 时，远端已经出现 0.8MPa 左右的压降，并且压降漏斗变化较为平缓，长岩心各区域的压力呈整体下降趋势（图 4-6-4）。实验结果表明，储层含水会加剧泄流距离对致密砂岩气藏采收率的影响程度，低含水致密砂岩气藏的泄流半径明显增加，井控范围较大，相对于高含水气藏，距泄流面不同距离区域的采出程度得到显著提高。

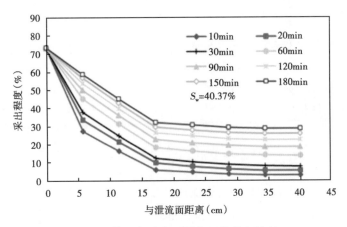

图 4-6-4　长岩心开发模拟实验中不同位置的采出程度（S_w = 40.37%）

三、小结

（1）对于致密砂岩气藏，储层压降漏斗陡峭，距离泄流面越近的部位采出程度越高，而远端采出程度很低。

（2）由于致密砂岩含水储层存在阈压梯度，储层含水饱和度越高，泄流距离对致密砂岩气藏采收率的影响程度越大。

（3）水平井开发或大规模压裂，可以大幅增加致密砂岩储层泄流面积，减小泄流距离，可以有效提高气藏采收率。

参 考 文 献

［1］张伦友，孙家征．提高气藏采收率的方法和途径［J］．天然气工业，1992，12（5）：32-36．

［2］陈淑芳，张娜，刘健，等．川东石炭系气藏后期开发提高采收率探讨［J］．天然气工业，2009，29（5）：92-94．

［3］胡勇，李熙喆，李跃刚，等．低渗致密砂岩气藏提高采收率实验研究［J］．天然气地球科学，2015，26（11）：2142-2148．

［4］李奇．致密砂岩气藏采收率影响机理研究［D］．北京：中国科学院研究生院（渗流流体力学研究所），2015．

［5］邹建波，李闽，代平，等．气藏废弃压力和采收率影响因素——以川西某气藏为例［J］．新疆石油地质，2006，27（6）：736-739．

［6］李奇，高树生，杨朝蓬，等．致密砂岩气藏阈压梯度对采收率的影响［J］．天然气地球科学，2011，25（9）：1141-1150．

第五章 致密砂岩气藏采收率模型与评价方法

采收率是衡量油气田开发效果和开发水平的最重要的综合指标，也是油气田动态分析的重点关注问题之一[1-4]。气藏开发主要以衰竭开发为主，对气藏采收率的研究相对较少。本章考虑致密砂岩气藏的特征，建立气藏采收率计算模型，提出气藏提高采收率的主体技术方向，建立采收率模型评价法和模糊评价法，为致密砂岩气藏采收率评价提供理论基础。

第一节 致密砂岩气藏采收率模型

本节从基本原理出发，确立影响气藏采收率综合参数（体积波及系数和衰竭效率），建立气藏采收率评价模型，并基于已开发气藏地质与开发动态数据分析，确定气藏体积波及系数的关键影响因素及计算公式；通过室内长岩心物理模拟实验，结合油气藏工程方法，建立气藏衰竭效率计算方法，最终形成气藏采收率评价方法，并结合苏里格低渗透致密砂岩气藏开展气藏采收率影响因素分析和采收率评价。

一、致密砂岩气藏采收率模型

根据采收率定义，气藏采收率：

$$\eta = \frac{G_p}{G} \times 100\% \qquad (5-1-1)$$

式中，η 为采收率，%；G_p 为可采气量，$10^8 \mathrm{m}^3$；G 为地质储量，$10^8 \mathrm{m}^3$。

低渗透致密砂岩气藏储层渗透率低，压力波及范围及单井动态控制面积小，开发井网通常只能动用控制部分地质储量，即动态控制储量 G_1 小于地质储量 G。

另外，即使动态控制储量部分，由于气田开发产水、废弃井底压力和经济极限产量限制，动态控制储量也不能完全采出，即可采气量 G_p 小于动态控制储量 G_1，因此式（5-1-1）可改写成如下形式：

$$\eta = \frac{G_p}{G_1} \times \frac{G_1}{G} \times 100\% \qquad (5-1-2)$$

根据油藏采收率评价模型，式（5-1-2）中右边第一项类似于油藏驱油效率（在驱油剂波及范围内，所驱替出的原油体积与总含油体积的比值称为驱油效率），为了与气藏衰竭式开发相匹配，在此定义为气藏衰竭效率，表达式如下：

$$E_p = \frac{G_p}{G_1} \times 100\% \qquad (5-1-3)$$

式中，E_p 为气藏衰竭效率，根据苏里格低渗透致密砂岩气藏开发实践测算，该值介于 0.4~

0.8，平均值为 0.6 左右。

引入高压物性参数，式（5-1-2）右边第二项可改写成如下形式：

$$\frac{G_1}{G} = \frac{V_{p1}/B_{gi}}{V_p/B_{gi}} = \frac{V_{p1}}{V_p} \qquad (5-1-4)$$

式中，V_p 为气藏烃类孔隙体积，$10^6 \mathrm{m}^3$；V_{p1} 为气藏动态控制烃类孔隙体积，$10^6 \mathrm{m}^3$；B_{gi} 为气藏原始体积系数。

根据式（5-1-4）可知式（5-1-2）右边第二项为气藏动态控制烃类孔隙体积与气藏烃类孔隙体积之比，根据油藏采收率评价模型，此项相当于体积波及系数 E_V。

$$E_V = \frac{G_1}{G} \times 100\% \qquad (5-1-5)$$

根据式（5-1-2）、式（5-1-3）和式（5-1-5）可得气藏采收率计算模型：

$$\eta = E_p \times E_V \times 100\% \qquad (5-1-6)$$

式（5-1-6）表明气藏采收率等于气藏体积波及系数与衰竭效率乘积，提高气藏采收率应从提高气藏体积波及系数和衰竭效率两方面出发，其中井网加密和压裂水平井开发主要提高气藏体积波及系数，排水采气、井口增压和降低废弃条件主要提高气藏衰竭效率。根据已开发气田地质与开发动态资料分析、物理模拟实验和气藏工程方法理论研究，建立气藏体积波及系数与衰竭效率计算方法，用以致密砂岩气藏采收率评价。

二、致密砂岩气藏体积波及系数计算方法

根据定义，致密砂岩气藏体积波及系数等于动用烃类孔隙体积与气藏烃类孔隙之比，其中气藏烃类孔隙体积可根据气藏储量与高压物性参数计算确定，表达式如下：

$$V_p = GB_{gi} \qquad (5-1-7)$$

气藏动态控制烃类孔隙体积可根据动态控制储量与高压物性参数确定，表达式如下：

$$V_{p1} = G_1 B_{gi} \qquad (5-1-8)$$

式中，G_1 为气藏动态控制储量，可根据气藏累计产气量与气藏平均压力（视平均压力）关系曲线，利用物质平衡方程计算确定。

考虑到获取气藏平均压力需要气藏全部井同时关井停产测压，影响生产，获取气藏平均压力与累计产气量曲线难度大。而单井平均压力获取较容易，当储层均质性较好，井网部署较为规则时，气井间干扰较弱时气藏可简化为一个个井控单元，气藏体积波及系数等于井控单元体积波及系数，根据油藏工程基本原理，对于井网密度为 S，则井控单元内烃类孔隙体积 V_{p2}：

$$V_{p2} = \frac{1}{S} \phi S_g h \qquad (5-1-9)$$

式中，ϕ 为气藏孔隙度；S_g 为含气饱和度；h 为储层厚度，m。

相应的井控单元内动态控制烃类体积（简称单井动用烃类孔隙体积）V_{p3}：

$$V_{\mathrm{p3}} = G_2 B_{\mathrm{gi}} \qquad\qquad (5\text{-}1\text{-}10)$$

式中，G_2 为单井动态控制储量，可通过单井累计产气量与视平均压力曲线求取。

根据已开发低渗透致密砂岩气藏开发与地质资料统计分析单井动用烃类体积（图 5-1-1 至图 5-1-9）发现：单井动用烃类孔隙体积介于 0.06×10^6（P5）~20×10^6（P95），平均值为 $3.9\times10^6\mathrm{m^3}$，中值为 $0.5\times10^6\mathrm{m^3}$；单井动用烃类孔隙体积较小，主要以小于 $1.0\times10^6\mathrm{m^3}$ 为主，其占比达 2/3；部分井单井动用烃类孔隙体积较大，是由于储层裂缝发育，裂缝对气井产气贡献大，如塔里木盆地克深气田，属于裂缝性致密砂岩气藏，基岩渗透率 0.07mD，由于储层裂缝发育，动态渗透率 1mD 以上，单井测试产能百万立方米以上，动态控制储量平均值为 $23\times10^8\mathrm{m^3}$，动态控制烃类体积 $6\times10^6\mathrm{m^3}$，可见，裂缝对低渗致密砂岩气藏储层流动能力和动态控制能力影响很大。

1. 影响单井动态控制烃类体积的主要参数

1）渗透率

渗透率（试井解释或 RTA 软件动态分析渗透率）越大，单井动用控制烃类孔隙体积越大（图 5-1-1）。由于渗透率越大，储层流动能力越强，平面上动用范围越广（据统计平面控制半径与渗透率呈对数关系），对应的单井动用烃类孔隙体积也就越大，但单井动用烃类孔隙体积变化速度小于渗透率变化速度，幂指数小于 1，因此，在进行单井动用烃类孔隙体积模糊评价时渗透率权重应小于权重平均值。

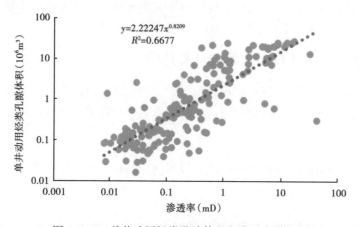

图 5-1-1　单井动用烃类孔隙体积与渗透率散点图

2）厚度

厚度越大，单井动用烃类孔隙体积越大（图 5-1-2）。由于在相同平面波及范围下，厚度越大，对应的动用烃类孔隙体积也就越大。另外，通常储层厚度越大，砂体平面展布面积越大，因此，单井可动用烃类孔隙体积也就越大，并且单井动用烃类孔隙体积变化速度比厚度变化速度快，幂指数大于 1，因此，在进行单井动用烃类孔隙体积模糊评价时厚度权重应大于权重平均值。

3）地层压力

地层压力越大，单井动用烃类孔隙体积也就越大（图 5-1-3）。由于地层压力是气藏衰竭开发的主要动力，相同储层物性条件下，地层压力越高，气藏产气能力及衰竭开发动力越强，可动用的烃类孔隙体积就越大，但是两者之间没有很好的相关性。

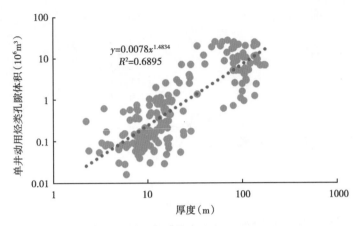

图 5-1-2   单井动用烃类孔隙体积与厚度散点图

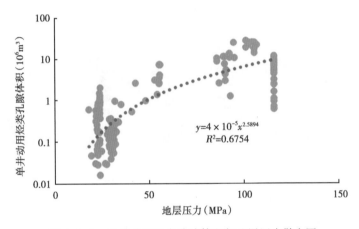

图 5-1-3   单井动用烃类孔隙体积与地层压力散点图

4）产能系数

产能系数定义为储层渗透率与厚度的乘积，是反映油气藏产气能力的综合性指标，统计单井动用烃类孔隙体积与产能系数关系（图 5-1-4）表明，单井动用烃类孔隙体积与产能系数呈正相关性，且相关系数较高，达 0.83，比单纯的渗透率或厚度影响都高（图 5-1-1、图 5-1-2），生产现场可通过产能系数快速确定低渗透致密气藏单井动用烃类孔隙体积和动态控制储量。

5）储容系数

储容系数定义为储层厚度与孔隙度的乘积，是表征油气藏储集能力的综合性指标，统计单井动用烃类孔隙体积与储容系数关系（图 5-1-5）表明，单井动用烃类孔隙体积与储容系数呈正相关性，储容系数越大，单井动用烃类孔隙体积越大。这不难理解，单井动用烃类孔隙体积等于动用面积、储容系数与含气饱和度三者乘积，因此，相同条件下，储容系数越大，单井动用烃类孔隙体积越大，并且单井动用烃类孔隙体积变化速度比储容系数变化速度大，因此，在进行单井动用烃类孔隙体积模糊评价时储容系数权重应大于权重平均值。

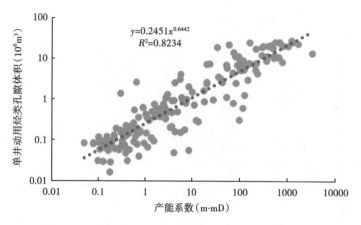

图 5-1-4　单井动用烃类孔隙体积与产能系数散点图

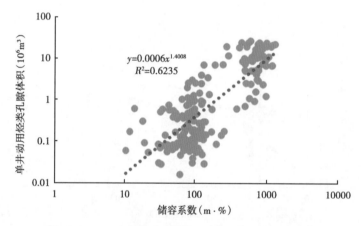

图 5-1-5　单井动用烃类孔隙体积与储容系数散点图

6）阈压梯度

低渗透致密砂岩气藏储层致密、含水饱和度较高，室内实验结果表明，只有驱动压力梯度达到或超过一临界压力梯度（也称阈压梯度）时，储层中才会有气体流动，是表征储层流动能力的综合性指标，受储层渗透率和含水饱和度综合影响。图 5-1-6 为单井动用烃类孔隙体积与阈压梯度关系曲线，由图可知，单井动用烃类孔隙体积与阈压梯度呈负相关性，即阈压梯度越大，单井动用烃类孔隙体积越小。这是由于阈压梯度越大，渗流阻力越大，井的平面控制范围（井控面积）越小，因此单井动用烃类孔隙体积也就越小。

7）可动水饱和度

致密砂岩储层中原生水包含束缚水和可动水，其中可动水赋存于与小孔喉连通的一些较大的孔隙中，在生产过程中由于压裂沟通或驱动压力梯度的增加，导致这部分可动水运移并部分产出（产水），对气井产能影响很大。单井动用烃类孔隙体积与可动水饱和度关系统计表明（图 5-1-7），可动水饱和度对单井动用烃类孔隙体积的影响存在一临界值。可动水饱和度小于10%时单井动用烃类孔隙体积有大有小，可动水饱和度影响较小；可动水饱和度大于10%时单井动用烃类孔隙体积普遍偏小，在 $0.1 \times 10^6 \mathrm{m}^3$ 左右，甚至更低，可动水饱和

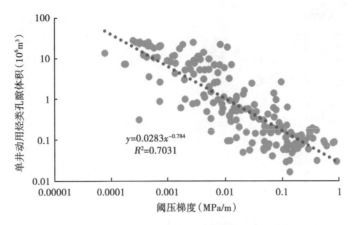

图 5-1-6　单井动用烃类孔隙体积与阈压梯度散点图

度影响明显。导致这一结果的原因是：可动水饱和度小于 10% 时，储层一般产水较少或不产水，对单井动用烃类孔隙体积影响较小，而可动水饱和度大于 10% 时，储层开始产水或大量产水，在近井地带或井筒形成积液，由此产生的额外流动阻力使得单井动用烃类孔隙体积明显变小。

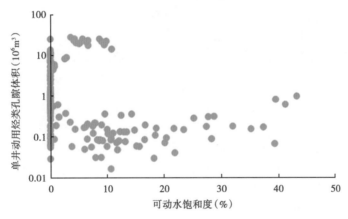

图 5-1-7　单井动用烃类孔隙体积与可动水饱和度散点图

8）含水饱和度

低渗透致密砂岩储层含水饱和度较高，较常规气藏而言含水饱和度影响更为明显，尤其当含水饱和度达 40% 时，含水严重降低了其本来就很低的渗流能力，导致气藏开发困难，单井动用烃类孔隙体积变小，在 $0.1 \times 10^6 m^3$ 左右（图 5-1-8）；而含水饱和度小于 40% 时，含水对气相流动能力影响小，含水饱和度对单井动用烃类孔隙体积影响较小，相关性不强。另外，含水饱和度还通过对阈压梯度的影响，间接影响单井动用烃类孔隙体积。

9）孔隙度

单井动用烃类孔隙体积与孔隙度关系统计曲线（图 5-1-9）表明，单井动用烃类孔隙体积与孔隙度相关性弱。这是由于孔隙度主要表征储层静态储集能力，对储层流动能力影响小，因此，对单井动用烃类孔隙体积影响不大。

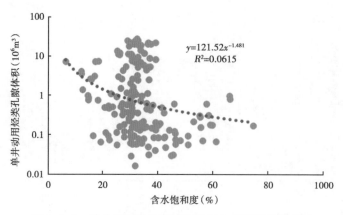

图 5-1-8　单井动用烃类孔隙体积与含水饱和度散点图

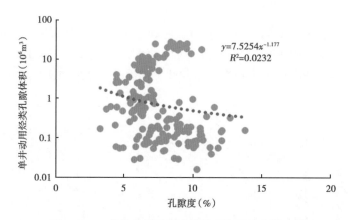

图 5-1-9　单井动用烃类孔隙体积与孔隙度散点图

根据上述生产数据统计分析,影响单井动用烃类孔隙体积的主要因素有渗透率、厚度、地层压力、产能系数、储容系数、阈压梯度、含水饱和度和可动水饱和度8个参数,其中前面6个参数与单井可动用烃类孔隙体积相关程度较高,但同时存在明显的不确定性;后面2个参数对单井可动用烃类体积存在一临界值,达到或超过临界值后,单井动用烃类孔隙体积小。综合上面的研究结果,运用多参数模糊评价法对单井动用烃类孔隙体积进行评价。

2. 多参数模糊数学综合评价方法

模糊综合评价法是一种基于模糊数学的综合评价方法。该综合评价法根据模糊数学的隶属度理论把定性评价转化为定量评价,即用模糊数学对受到多种因素制约的事物或对象做出一个总体的评价。它具有结果清晰、系统性强的特点,能较好地解决模糊的、难以量化的问题,适合各种非确定性问题的解决。因此,可依据模糊综合评价方法建立单井动用烃类孔隙体积与上述8个参数的综合关系,实现单井可动用烃类孔隙体积定量描述,具体步骤如下:

(1)选择8个评价指标,建立8个评价指标,n个评价单元的矩阵:

$$A = \begin{pmatrix} a_{11} & a_{12} & \cdots & a_{18} \\ a_{21} & a_{22} & \cdots & a_{28} \\ \vdots & \vdots & & \vdots \\ a_{n1} & a_{n2} & \cdots & a_{n8} \end{pmatrix} \tag{5-1-11}$$

评价参数一般分为两类：一类是指标越大越好，如渗透率、厚度、地层压力、产能系数与储容系数；另一类是指标越小越好，如阈压梯度、含水饱和度以及可动水饱和度。于是可将矩阵 A 转换成 R 阵：

$$R = \begin{pmatrix} r_{11} & r_{12} & \cdots & r_{18} \\ r_{21} & r_{22} & \cdots & r_{28} \\ \vdots & \vdots & & \vdots \\ r_{n1} & r_{n2} & \cdots & r_{n8} \end{pmatrix} \tag{5-1-12}$$

式中，r_{ij} 的计算方法并不相同。对于前 6 个相关程度较高的参数，要求参数指标越大越好时，按照下式计算：

$$r_{ij} = \frac{\ln a_{ij} - \ln \min_{1 \le i \le n} a_{ij}}{\ln \max_{1 \le i \le n} a_{ij} - \ln \min_{1 \le i \le n} a_{ij}} \tag{5-1-13}$$

当要求参数指标越小越好时，按照下式计算：

$$r_{ij} = \frac{\ln \max_{1 \le i \le n} a_{ij} - \ln a_{ij}}{\ln \max_{1 \le i \le n} a_{ij} - \ln \min_{1 \le i \le n} a_{ij}} \tag{5-1-14}$$

通过式（5-1-13）和式（5-1-14）可将各评价参数无量纲化，并且取值范围控制在 0~1 区间，一方面消除了评价参数量纲不一致的问题，统一无量纲化；另一方面使得评价参数更加均匀地分布在 0~1 区间。以渗透率为例，渗透率介于 0~50mD，但绝大部分渗透率小于 1mD，只有少量渗透率大于 1mD，个别甚至达到 10mD，分布极不均匀，而通过上面两式的变化，实现了无量纲渗透率在 0~1 区间的均匀分布（图 5-1-10）。

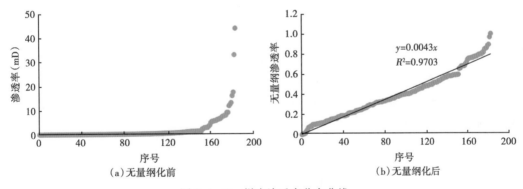

图 5-1-10　样本渗透率分布曲线

考虑到个别评价指标 a_{ij} 取值的随机性，如样本发生变化（增加或减少），式（5-1-13）和式（5-1-14）中最小值和最大值可能会发生明显变化，影响数据计算的稳定性，故式中最小值通常取 $P5$ 或 $P10$；最大值取 $P95$ 或 $P90$，个别指标 $P5$ 和 $P10$ 与最小值相差较大，$P90$ 和 $P95$ 与最大值相差较大，这样做可有效避免个别大数和小数影响计算的稳定性（表 5-1-1）。

表 5-1-1　低渗透致密气藏直井开发评价指标统计结果

项目	厚度（m）	孔隙度（%）	含水饱和度（%）	渗透率（mD）	地层压力（MPa）	阈压梯度（MPa/m）	储容系数（% · m）	产能系数（m · mD）	单井动用烃类孔隙体积（$10^6 m^3$）
均值	39.4	7.6	34	1.792	53	0.0820	289	120.58	3.937
$P50$	15.4	7.1	32	0.210	30	0.0162	107	2.79	0.510
$P5$	4.1	4.5	56	0.016	23	0.0004	32	0.13	0.055
$P10$	6.0	5.5	47	0.021	23	0.0007	43	0.18	0.067
$P90$	108.5	10.3	22	5.700	116	0.2221	802	376.75	13.814
$P95$	135.4	11.0	17	7.850	116	0.3556	972	658.05	20.098
最小值	2.3	3.3	6	0.008	18	0.0001	11	0.05	0.016
最大值	174.4	13.8	75	43.930	116	0.9452	1301	3378.83	27.197

（2）选择被评价指标（单井动用烃类孔隙体积），建立 1 个被评价指标，n 个被评价单元的矩阵：

$$\boldsymbol{B} = \begin{pmatrix} B_{11} \\ B_{21} \\ \vdots \\ B_{n1} \end{pmatrix} \tag{5-1-15}$$

式中，$\boldsymbol{B}$ 为评价指标向量。

同理根据式（5-1-13）将被评价指标矩阵无量纲：

$$\boldsymbol{F} = \begin{pmatrix} F_{11} \\ F_{21} \\ \vdots \\ F_{n1} \end{pmatrix} \tag{5-1-16}$$

式中，$\boldsymbol{F}$ 为无量纲化后的被评价指标向量。

因此，对于被评价指标单井动用烃类孔隙体积来说，其与无量纲单井动用烃类孔隙体积关系（图 5-1-11）如下：

$$[V_{p3}] = 0.135 \ln V_{p3} + 0.555 \tag{5-1-17}$$

$$V_{p3} = 0.0163 e^{7.42 [V_{p3}]} \tag{5-1-18}$$

式中，$[V_{p3}]$ 为无量纲单井动用烃类孔隙体积。

（3）利用专家评判法确定各项指标的权重 $\boldsymbol{W}$：

$$\boldsymbol{W} = (w_1, w_2, \cdots, w_8) \tag{5-1-19}$$

其中，权重 w_i 越大，说明评价指标 i 的影响越大。根据单井动用烃类孔隙体积影响因素分析，厚度、渗透率、地层压力、储容系数、产能系数、阈压梯度、可动水饱和度和含水饱和度对应的权重分别为 0.1、0.1、0.1、0.20、0.25、0.2、0.03、0.02。

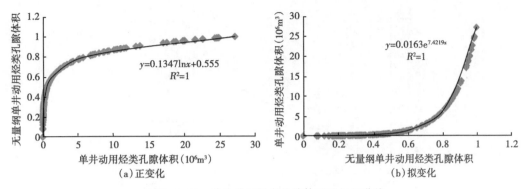

图 5-1-11 单井动用烃类孔隙体积无量纲曲线

（4）计算模糊综合评价值 $\boldsymbol{\beta}$，计算公式：

$$\boldsymbol{\beta} = RW' \qquad (5-1-20)$$

（5）建立被评价指标矩阵 $\boldsymbol{F}$ 与模糊综合评价值 $\boldsymbol{\beta}$ 相关函数：由于数据分布的非均匀性（并不一定都是均匀分布）和权重系数随机性，导致综合评价值整体比被评价值偏小或偏大，因此需要建立被评价指标矩阵 $\boldsymbol{F}$ 与综合评价值 $\boldsymbol{\beta}$ 相关函数，实现依据综合评价值 $\boldsymbol{\beta}$ 更准确确定被评价值 $\boldsymbol{F}$（图 5-1-12），无量纲单井动用烃类孔隙体积与模糊综合评价值关系：

$$\left[V_{\text{p3}} \right] = 1.04\boldsymbol{\beta} \qquad (5-1-21)$$

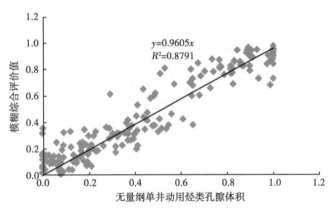

图 5-1-12 无量纲单井动用烃类孔隙与模糊综合评价值关系曲线

相应的单井动用烃类孔隙体积：

$$V_{\text{p3}} = 0.016e^{7.72\beta} \qquad (5-1-22)$$

因此，当已知储层物性参数，可根据式（5-1-21）和式（5-1-22）在气藏前期评价阶段，计算预测单井动用烃类孔隙体积，且依据储层物性的模糊计算结果与后期依据动态分析确定的动态分析值具有很好的一致性（图 5-1-13），表明模糊预测结果可用于早期确定单井动用烃类孔隙体积，无须等待气藏长时间生产，有利于气藏开发方案的设计，用于确定单井动态控制储量、控制面积和合理井网密度。

式（5-1-22）是基于直井地质与生产动态分析统计归纳得到的单井动用烃类孔隙体积

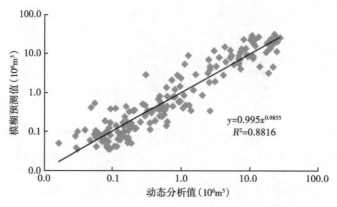

图 5-1-13 单井动用烃类孔隙预测值与动态分析值

计算公式，对于水平井存在一定的局限性，需要进行校正。根据苏里格苏 75 井区水平井（水平段长度 800m 左右）与直井生产动态对比分析，水平井单井动用烃类孔隙体积（动态控制储量）约为直井 2.8 倍（表 5-1-2），相应的水平井单井动用烃类孔隙体积 V_{p4}：

$$V_{p4} = 0.046e^{7.72\beta} \tag{5-1-23}$$

表 5-1-2　苏 75 井区直井和水平井开发动态统计表

井型	单井日产气 ($10^4 m^3$)	井数 (口)	平均日产气量 ($10^4 m^3$)	平均累计产气量 ($10^4 m^3$)	单井动态控制储量 ($10^4 m^3$)
直井	0.8~1.5	59	1.11	1867	2700
水平井	3~8	11	4.51	4468	7500

因此，相应的低渗透致密砂岩气藏体积波及系数直井为：

$$E_V = \frac{0.016Se^{7.72\beta}}{\phi S_g h} \tag{5-1-24}$$

水平井为：

$$E_V = \frac{0.046Se^{7.72\beta}}{\phi S_g h} \tag{5-1-25}$$

矿场可运用式（5-1-24）、式（5-1-25）来计算不同井网密度下气藏的体积波及系数，用来确定合理井网密度（图 5-1-14）。结果表明，体积波及系数随井网密度增加呈线性增加，但到达一临界井网密度后再加密，体积系数基本不再变化；渗透率越低，相同井网密度下体积波及系数越小，临界井网密度越大。渗透率 0.1mD 储层的临界井网密度为 3.0 口/km²，而渗透率 0.01mD 储层的临界井网密度却达到了 8.0 口/km²，差距十分明显。

三、致密砂岩气藏衰竭效率计算方法

根据气藏物质平衡方程，气藏衰竭效率（采气量）主要受动态控制区域平均地层压力、孔隙度及地层水压缩系数、水侵量和产水量共同影响［式（5-1-26）］，其中低渗透致密气藏孔隙、地层水和边底水能量弱，生产水气比一般在 0.5 m³/10⁴m³ 左右（图 5-1-15），折

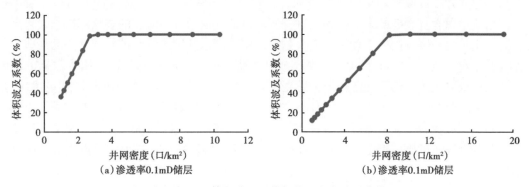

(a)渗透率0.1mD储层   (b)渗透率0.1mD储层

图 5-1-14　体积波及系数与井网密度关系曲线

算地下体积约为产出气的 1%，主要通过产气释放地层能量，衰竭效率取决于井控（动用）区域平均地层压力［式（5-1-27）］：

气藏衰竭效率：

$$E_p = \left(1 - \frac{Z_i \bar{p}}{Z p_i}\right) + \left(\frac{C_w + C_f}{1 - S_{wi}}\right)\frac{Z_i \bar{p}}{Z p_i}(p_i - \bar{p}) + \left(\frac{W_e - W_p B_w}{V_p}\right)\frac{Z_i \bar{p}}{Z p_i} \qquad (5\text{-}1\text{-}26)$$

式中，Z 为天然气压缩因子；Z_i 为原始状态下天然气压缩因子；p_i 为原始状态压力，MPa；C_w 为水的压缩系数，1/MPa；C_f 为孔隙压缩系数；1/MPa；S_{wi} 为原始含水饱和度；V_p 为烃类孔隙体积，m³；W_e 为累计水侵量，m³；V_p 为累计产水量，m³；B_w 为水的体积系数。

低渗透致密气藏衰竭效率：

$$E_p = \left(1 - \frac{Z_i \bar{p}}{Z p_i}\right) \qquad (5\text{-}1\text{-}27)$$

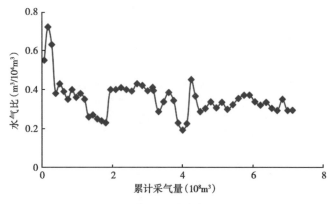

图 5-1-15　苏 75 区块水气比统计曲线

根据式（5-1-27）可知，计算气藏衰竭效率，需获取地层平均压力，而低渗透致密砂岩气藏储层渗透率低，压力恢复慢，获取井控区域平均压力须长时间关井，严重影响气藏生产，所以很难直接用此公式进行低渗透致密砂岩气藏衰竭效率的计算。因此，有必要首先建立开井生产时井控区域平均压力计算公式。

为了建立井控区域平均压力计算方法，根据低渗透致密砂岩气藏通常采用压裂后再投产、储层流动以垂直裂缝的直线流为主这一流动特征，运用自主研发的多点测压长岩心夹持器，开发出长岩心多点测压物理模拟实验系统，用于模拟低渗透致密砂岩气藏流动规律，获取流动关键参数压力，突破了以往物理模拟只能获得模拟气藏井底和边界压力数据的局限性，还可以获取气藏内部不同部位压力数据，更加准确地确定模拟气藏井控区域地层压力，进而获得生产时井控区域平均压力的计算方法，解决井控区域平均压力计算的难题。

该多测压点长岩心夹持器可夹持长 40cm、直径 3.8cm、直径 10cm 的长岩样。夹持器上设计安装 6 个高精度压力传感器（图 4-6-1），可以检测衰竭开发过程中模拟气藏不同部位的压力变化。

通过物理模拟实验，可以获得不同渗透率储层气藏衰竭开发压力变化规律（图 5-1-16 至图 5-1-18），结果表明，储层渗透率越大，地层各处压力差异越小，废弃时动态控制区域平均压力越低，衰竭效率越高；尤其对于大于 0.1mD 低渗透储层，流动性较强，地层各处压力基本一致，地层各处储量都得到很好动用，废弃时动态控制区域平均压力低，衰竭效率高，可达 70%，甚至更高；而小于 0.01mD 致密储层，流动性较弱，地层各处压力差异较大，主要动用近井地带天然气资源，废弃时动态控制区域平均压力高，衰竭效率低，只有 20% 左右。

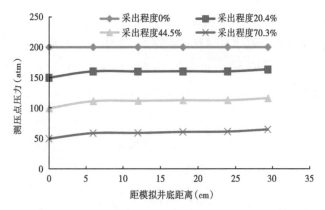

图 5-1-16　0.3mD 储层衰竭开发物理模拟结果（400mL/min）

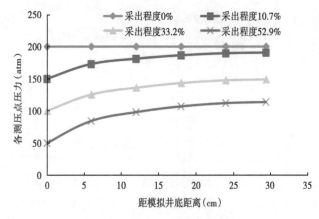

图 5-1-17　0.04mD 储层衰竭开发物理模拟结果（400mL/min）

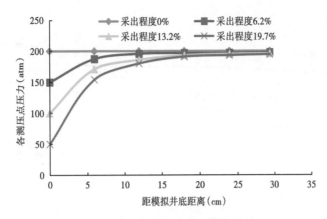

图 5-1-18　0.008mD 储层衰竭开发物理模拟结果（400mL/min）

根据物物理模拟实验结果和储层气体的流动方式，假定储层流动为一维线性流，流动达到拟稳态（拟稳态之前，衰竭效率极低，不是采收率研究重点阶段），压力波及区域内截面流量 q_x 与气井产量 q 满足如下关系：

$$q_x = \frac{L - x}{L} q \tag{5-1-28}$$

式中，L 为岩心长度或 1/2 井距；x 为距离井底/裂缝的距离；q 为井口产量。

根据达西公式，相应的压力分布公式：

$$q_x = A \frac{K K_{rg} T_{sc} p}{\mu Z T p_{sc}} \frac{\partial p}{\partial x} \tag{5-1-29}$$

式中，A 为渗流面积。

式（5-1-29）积分得

$$p_x = p_e \left(1 - \frac{q \mu Z T p_{sc} (L - x)^2}{2 p_e^2 A L K K_{rg} T_{sc}} \right) \tag{5-1-30}$$

式中，p_e 为边界压力，MPa。

引入物质平衡方程：

$$Q = \int_0^L \phi S_g A \left(\frac{T_{sc} p_i}{Z T p_{sc}} - \frac{T_{sc} p_x}{Z T p_{sc}} \right) \mathrm{d}x \tag{5-1-31}$$

将式（5-1-30）代入式（5-1-31），近似得地层压力计算公式：

$$p_x = \frac{p_i - \dfrac{q Z T p_{sc}}{\phi S_g A L T_{sc}} - t}{\left(1 - \dfrac{q B_g \mu L}{12 p_g A K K_{rg}} \right)} \left(1 - \frac{q \mu Z T p_{sc} (L - x)^2}{2 p_e^2 A L K K_{rg} T_{sc}} \right) \tag{5-1-32}$$

式（5-1-32）给出了低渗透致密砂岩气藏衰竭式开发地层压力计算公式，图 5-1-19、图 5-1-20 为理论计算与物模实测结果，两种方法获得的地层压力分布规律基本一致，可见式（5-1-32）可用于预测低渗致密砂岩气藏衰竭式开发时地层压力的分布规律。

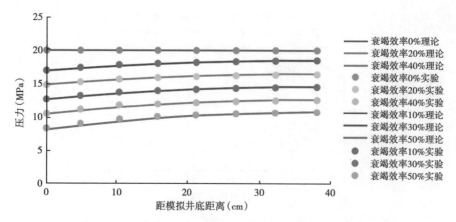

图 5-1-19　$K=0.3\text{mD}$、$S_\text{w}=0\%$ 时物模实测与理论计算结果

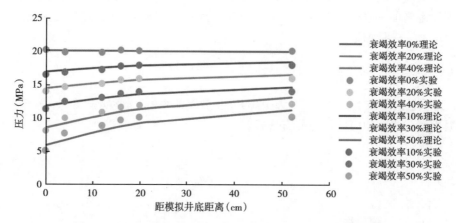

图 5-1-20　$K=0.3\text{mD}$、$S_\text{w}=40\%$ 时物模实测与理论计算结果

式（5-1-32）中 $x=0$ 时为井底压力：

$$p_\text{w} = \frac{p_\text{i} - \dfrac{qZTp_\text{sc}}{\phi S_\text{g} ALT_\text{sc}}t}{\left(1 - \dfrac{qB_\text{g}\mu L}{12p_\text{e} AKK_\text{rg}}\right)}\left(1 - \frac{qB_\text{g}\mu L}{2p_\text{e} AKK_\text{rg}}\right) \tag{5-1-33}$$

式（5-1-33）积分取平均得平均压力：

$$\bar{p} = p_\text{i} - \frac{qZTp_\text{sc}}{\phi S_\text{g} A\alpha T_\text{sc}}t \approx p_\text{w} + \frac{qB_\text{g}\mu L}{2AKK_\text{rg}} \tag{5-1-34}$$

式（5-1-34）不仅给出了平均压力计算公式，还建立了平均压力与井底压力关系，这样矿场可根据生产时井底压力、产量 q 和储层物性参数，计算得到井控区域的平均压力，进而计算气藏衰竭效率。

将式（5-1-34）代入式（5-1-27）得衰竭效率计算公式：

$$E_p = \left[1 - \frac{Z_i\left(p_w + \frac{qB_g\mu L}{2AKK_{rg}}\right)}{Zp_i} \right] \tag{5-1-35}$$

式（5-1-35）变形得

$$E_p = \frac{Zp_i - Z_i p_w}{Zp_i}\left(1 - \frac{\frac{qB_g\mu L}{2AKK_{rg}}}{p_i - p_w}\right) \tag{5-1-36}$$

当 p_w 取废弃井底压力 p_{aw}，q 取经济极限产量时，则式（5-1-36）可变为：

$$E_p = \frac{Zp_i - Z_i p_{aw}}{Zp_i}\left(1 - \frac{1}{N_c}\right) \tag{5-1-37}$$

式中，N_c 为驱动指数，表达式：

$$N_c = \frac{(p_i - p_{ow})}{R} \tag{5-1-38}$$

$$R = \frac{q_a B_g \mu K L}{2KK_{rg}A} \tag{5-1-39}$$

式中，q_a 为极限经济产量，m^3/d。由式（5-1-38）和式（5-1-39）可以看出，驱动指数 N_c 为气藏驱动力（$p-p_{aw}$）与废弃时渗流阻力 R 的比值，表征气藏驱动能力的强与弱，驱动指数 N_c 越大，气藏驱动力相对越强，对应的产气能力越强。

气藏衰竭式开发物理模拟实测值与理论计算模拟气藏衰竭效率的一致性（图5-1-21），验证了衰竭效率计算公式的可靠性，可用于低渗致密砂岩气藏衰竭效率的计算，分析气藏衰竭规律，制定提高气藏衰竭效率的具体措施。

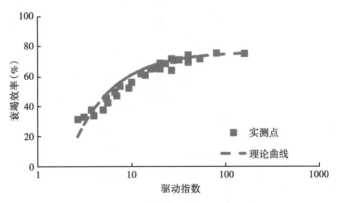

图 5-1-21　物模实测与理论计算衰竭效率对比图

考虑到矿场采用不同井型开发低渗致密气藏，给出了相应的不同井型气藏渗流阻力 R 表达式。直井为

$$R = \frac{q_a B_g \mu \ln\left(\frac{r_e}{r_w} + S\right)}{2\pi KK_{rg}h} \tag{5-1-40}$$

压裂直井为

$$R = \frac{q_a B_g \mu \dfrac{a}{2}}{4 K K_{rg} A} \tag{5-1-41}$$

压裂水平井为

$$R = \frac{q_a B_g \mu \dfrac{a}{2}}{4 n K K_{rg} A} \tag{5-1-42}$$

式中，S 为表皮系数；a 为井距；n 为压裂水平井压裂段数；A 为每簇裂缝面。

式（5-1-37）至式（5-1-42）给出了低渗透致密砂岩气藏不同井型衰竭效率计算公式，结合图 5-1-21 可以看出，低渗透致密砂岩气藏衰竭效率的主要影响因素有储层物性、井型和废弃条件等；压裂酸化（降低表皮系数 S）、采用压裂水平井开发和降低废弃条件（排水采气、井口增压或降低经济极限产量）均可提高气藏衰竭效率；衰竭效率随驱动指数增加先增加后趋于平缓，临界驱动指数为 40，此时气藏衰竭效率可达 80% 左右，动态控制储量采出程度较高，再提高驱动指数增加的衰竭效率幅度很小，因此，提高衰竭效率措施应针对驱动指数小于 40 的低渗透致密砂岩气藏，尤其是驱动指数介于 3~10 的致密砂岩气藏，提高驱动指数可显著提高气藏采收率。

根据低渗透致密砂岩气藏采收率评价模型、体积波及系数计算公式和衰竭效率计算公式，得低渗透致密砂岩气藏采收率计算公式：

$$E_R = E_V \times C_p \times 100\% \tag{5-1-43}$$

式中，E_V 为体积波及系数，当井型为直井时为

$$E_V = \frac{0.016 S e^{7.72\beta}}{\phi S_g h} \tag{5-1-44}$$

当井型为水平井时为

$$E_V = \frac{0.046 S e^{7.72\beta}}{\phi S_g h} \tag{5-1-45}$$

E_p 为衰竭效率为

$$E_p = \frac{Z p_i - Z_i p_{aw}}{Z p_i}\left(1 - \frac{2}{N_c}\right) \tag{5-1-46}$$

四、气藏提高采收率的主体技术方向

从气藏采收率计算模型分析，可以得出气藏提高采收率的 7 个主体技术方向：井网加密、大型压裂、防水控水、井口增压、排水采气、井型优化、补充能量[4-6]。

其中井网加密是为了提高气藏储量动用程度，是在开发过程中根据气井的生产动态分析而逐渐调整进行的，直至达到最佳井网密度；大型压裂是致密砂岩气藏开发最有效的手段，目的是增加储层泄流面积，降低渗流阻力，从而达到改善开发效果的目的；防水控水是致密

砂岩气藏开发过程中采取的必要手段，大部分气井在生产过程中都会产水，由于气井产量低，携液能力受限，会导致近井地带和井筒积液，额外增加渗流阻力，大大降低气井产量，因此生产过程中的防控水技术应用是必须的；井口增压是提高气藏采出程度的重要手段，目的是提高井口进入管线压力，保证气体外输，效果相当于增加地层压力，是气藏开发后期低压阶段提高采出程度的关键技术；排水采气是防控水技术中一种最便捷有效的技术，可以有效提高气井产量，大大延长生产时间，提高气藏最终采收率；井型优化是根据气藏地质特征而采取的不同井型的开发方式，目的是在储层砂体大小、厚度、形状不同的条件下，合理组合直井与水平井协调开发，提高最终采出程度；补充能量是通过人为提高地层压力而达到提高采出程度的目的，这项技术目前还不成熟，矿场试验也未见明显效果。

第二节　致密砂岩气藏采收率模型评价法

依据采收率模型可开展气藏采收率评价工作，分析各因素对气藏采收率的影响程度。以苏里格低渗透致密砂岩气藏为例，根据统计气藏厚度 10m，渗透率 0.1mD，孔隙度 10%，含水饱和度 40%，井距 1200m，原始地层压力 30MPa，废弃井底压力 6MPa，经济极限产量 1000m³/d，主要井型为压裂直井。

一、关键因素对采收率的影响分析

1. 井距

根据采收率计算公式 [式 (5-1-43)] 计算不同井距时气藏采收率（图 5-2-1），结果表明，该气藏开发存在一临界井距（大约 580m），当井距小于临界值，井距变化对采收率影响不大，此时采收率约为 55%；而当井距大于临界值时，气藏采收率随井距增加快速下降。原因在于气井存在一定的平面控制能力，井距不大于临界井距时，气井动态控制面积与地质上井控面积一致，气井能完全控制区域内地质储量，体积波及系数基本 100%，不随井距变化，相应的采收率也就基本不变，维持在一个相对较高的水平；而当井距大于临界井距时，气井动态控制面积小于地质上的井控面积，区域内只有部分气体能够被动用，体积波及系数降低，并且井距越大，地质上井控面积超过气井动态控制面积越多，体积波及系数越小，因此相应采收率也就越低。

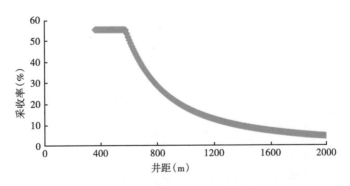

图 5-2-1　不同井距时气藏采收率曲线

2. 渗透率

根据采收率计算公式 [式（5-1-43）] 计算不同渗透率时气藏采收率（图5-2-2），结果表明，气藏在当前井距（1200m）条件下，气藏采收率随渗透率变化呈S形曲线变化，渗透率小于0.1mD，气藏采收率绝对值很低，小于15%，渗透率对采收率有一定影响，虽然绝对值影响程度较小，但是相对值影响却很大；渗透率介于0.1~1mD时，渗透率对气藏采收率影响显著，气藏采收率介于15%~65%；而当渗透率大于1mD时，渗透率对气藏采收率影响又变小，但气藏采收率相对较高，接近70%。原因在于渗透率小于0.1mD的储层渗流能力差，井控及产气能力弱，体积波及系数小，衰竭效率低，气藏采收率低，因此，渗透率变化对采收率影响不大；而当渗透率大于1mD时，储层渗流能力增强，井控及产气能力随之增强，体积波及系数高，接近于100%，衰竭效率高，相应的气藏采收率大，渗透率对气藏采收率影响也就小；只有渗透率处于0.1~1mD，也就是在常规意义上的低渗范围内，渗透率变化会显著影响气藏体积波及系数和衰竭效率，从而显著影响气藏采收率。

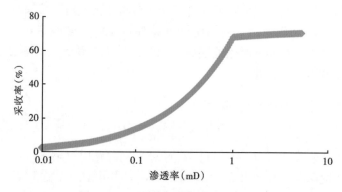

图5-2-2　不同渗透率时采收率曲线

3. 含水饱和度

根据采收率计算公式 [式（5-1-43）] 计算不同含水饱和度时气藏采收率（图5-2-3），结果表明，气藏采收率随含水饱和度增加而降低，并且含水饱和度越大，由于含水增加引起的采收率下降速度越快，总的来说，当含水饱和度由30%增加到65%时，气藏采收率由15%下降到5%，相对损失70%左右，含水饱和度对致密砂岩气藏采收率影响较大，这是由

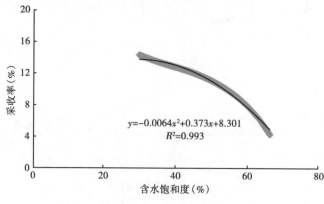

图5-2-3　不同含水饱和度时采收率曲线

于致密气藏衰竭效率与含水饱和度密切相关，含水饱和度增加会显著降低气藏衰竭效率，从而降低气藏采收率。

4. 废弃井底压力

根据采收率计算公式 [式(5-1-43)] 计算不同废弃井底压力时气藏采收率（图 5-2-4），结果表明，气藏采收率与废弃井底压力呈很好的负相关性，废弃井底压力由 10MPa 降到 4MPa，气藏采收率由 17% 增加到 22%，相对增加 30%，因此，降低井底废弃压力可有效提高气藏采收率，改善气藏开发效果。

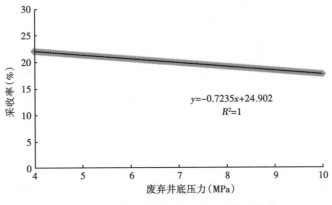

图 5-2-4　不同废弃井底压力时采收率曲线

5. 经济极限产量

根据采收率计算公式 [式(5-1-43)] 计算不同经济极限产量时气藏采收率（图 5-2-5），结果表明，气藏采收率与经济极限产量呈很好的负相关性，经济极限产量由 2000m³/d 降低到 500m³/d，气藏采收率由 16.5% 增加到 22.5%，采收率相对增加 36%，可见，降低经济极限产量可有效提高致密砂岩气藏采收率，原因在于致密砂岩气藏产气能力弱，驱动指数小，处于驱动指数对气藏衰竭效率影响敏感区域，因此，降低经济极限产量可有效提高驱动指数，增加气藏衰竭效率，从而提高气藏采收率。

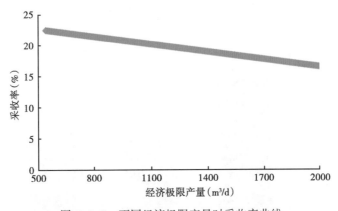

图 5-2-5　不同经济极限产量时采收率曲线

二、苏 75 区块气藏采收率评价

苏 75 井区位于苏里格气田西区北侧，区块面积 989km²，苏 75 区块上古地层自下而上有本溪组、太原组、山西组、石盒子组及石千峰组。区内主力含气层位为盒 8 段和山 1 段，此外还有太原组、山 2 段等层位；储层孔隙度介于 5.02%～19.91%，平均值为 8.91%；渗透率介于 0.005～14.726mD，平均值为 0.077mD。原始含气饱和度盒 8 段 62.3%，山 1 段 59%，原始地层压力盒 8 段 29.22MPa、山 1 段 29.56MPa。

在平面上，根据储层物性统计分析，中部（1 号气站辖区）好于中偏北部（2 号气站辖区），南部最差（4 号气站辖区），结果见表 5-2-1。

表 5-2-1 苏 75 井区平面物性统计表

平面区域	厚度 （m）	孔隙度 （%）	含气饱和度 （%）	有效渗透率 （mD）	地层压力 （MPa）
1 号气站辖区	12	8.5	60	0.15	29.35
2 号气站辖区	11	7.7	55	0.05	29.35
4 号气站辖区	11	7.4	55	0.04	29.35

根据表 5-2-1 物性参数统计结果，依据动用烃类孔隙体积计算公式［式（5-1-7）］，计算各个区域单井动用烃类孔隙体积和动态控制储量，其中单井动态控制储量与动用烃类孔隙体积关系式如下：

$$G_2 = V_{p3}/B_{gi} \qquad (5-2-1)$$

图 5-2-6 为单井动用烃类孔隙体积模型计算得到的单井动态控制储量与生产动态分析法计算得到的单井动态控制储量比较，结果表明，两者计算的单井动态储量基本一致，1 号气站单井动态控制储量 5000×10⁴m³，控制能力相对较强；2 号气站和 4 号气站单井动态控制储量 2500×10⁴m³，控制能力相对较弱，相对误差在 10% 以内，基本可实现依据前期评价物性参数来计算预测单井产气能力，为合理井网密度确定提供依据。

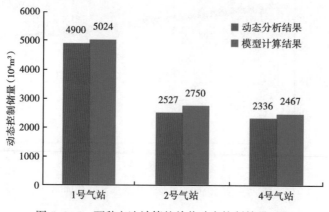

图 5-2-6 两种方法计算的单井动态控制储量对比

86

根据采收率计算公式，计算不同井距（井网密度）时苏 75 区块各气站所在区域的气藏采收率与单井动态控制储量（图 5-2-7 至图 5-2-9），结果表明，井距（井网密度）对气藏采收率影响较大，采用常规的稀疏井网（大井距）气藏采收率较低，如井距为 1200m 时，1 号气站采收率为 14%，2 号气站采收率为 10.2%，4 号气站采收率为 9.0%，采收率低，难以达到规模、有效开发的要求；井网加密可提高气藏采收率，但存在一合理井网密度（井距），当井网密度超过合理井网密度后再加密，采收率增加不明显，反而降低了单井动态控制储量；合理井距，1 号气站为 610m（2.7 口/km²），2 号气站为 530m（3.6 口/km²），4 号气站为 500m（4 口/km²），对应的单井动态控制储量为 $3065 \times 10^4 m^3$、$1567 \times 10^4 m^3$ 和 $1320 \times 10^4 m^3$，对应的采收率分别为 61%、57% 和 54%。

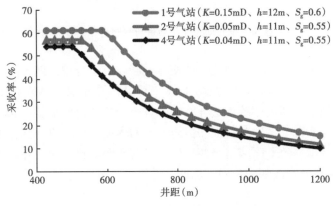

图 5-2-7　采收率与井距关系曲线

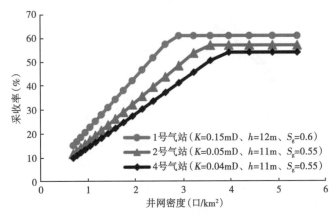

图 5-2-8　采收率与井网密度关系曲线

图 5-2-10 为概率统计法和模型法计算的不同井网密度下采收率对比结果，可以看出，在井网密度小于合理井网密度时，模型法计算的采收率与井网密度呈线性关系，采收率相对较高；而概率统计法计算的采收率与井网密度呈斜率越来越小的非线性关系，采收率相对较低；这是由于模型法假定区域内各气井动态控制能力相同，因此，在井网密度小于合理井网密度之前，气井之间不发生干扰，气井动态控制体积（面积）与井网密度呈正比，相应的采收率与井网密度呈正比；而概率统计法是建立在气藏各气井的动态控制能力不同的基础之

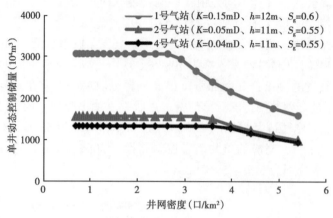

图 5-2-9　单井动态控制储量与井网密度关系曲线

上，气井动态控制储量有高有低，因此，即使井网密度小于合理井网密度时，随着井网密度增加，井间干扰概率增加，气井动态控制体积（面积）增加幅度越来越小，相应的采收率增加幅度也就越来越小，即概率统计法计算的采收率与井网密度呈斜率越来越小的非线性关系，这种情况更符合实际气藏生产特征。但对于井网密度较小时或井网密度非常大时，两种方法计算的采收率基本一致，原因是当井网处于稀疏或密集状态时，井间干扰概率接近 0 或 1，这时概率统计法与模型法基础相同，因此，计算采收率一致。

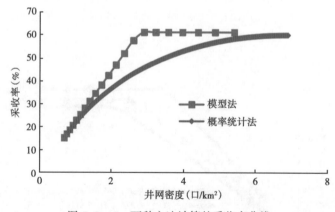

图 5-2-10　两种方法计算的采收率曲线

根据单井动态控制储量、井数和当前产气量计算单井剩余可采气量和区块剩余可采气量结果（图 5-2-11、图 5-2-12），可以发现，中部 1 号站投产 171 口井，前 5 年单井累计采气量 $2058 \times 10^4 m^3$，剩余可采气量 $1007 \times 10^4 m^3$，区域累计采气量 $34.4 \times 10^8 m^3$，剩余可采气量 $16.8 \times 10^8 m^3$；中部偏北 2 号站投产 75 口井，前 5 年单井累计采气量 $1061 \times 10^4 m^3$，剩余可采气量 $506 \times 10^4 m^3$，区域累计采气量 $8.0 \times 10^8 m^3$，剩余可采气量 $3.9 \times 10^8 m^3$；南部 4 号站投产 109 口井，前 5 年单井累计采气量 $955 \times 10^4 m^3$，剩余可采气量 $377 \times 10^4 m^3$，区域累计采气量 $10.4 \times 10^8 m^3$，剩余可采气量 $4.1 \times 10^8 m^3$，3 个区域剩余可采气量合计 $25.1 \times 10^8 m^3$，难以维持该地区年产 $8 \times 10^8 m^3$ 的稳产能力，需要在其他区域寻找更多的地质储量，开发新井来维持气田稳产。

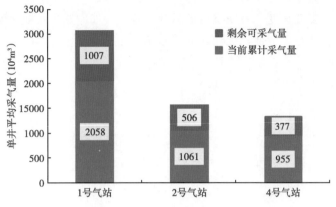

图 5-2-11　三个气区单井剩余可采气量

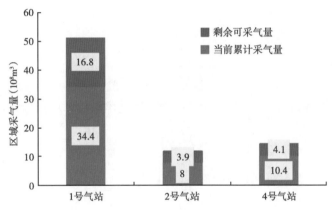

图 5-2-12　苏 75 区块三个气区已投产井剩余可采气量

第三节　致密砂岩气藏采收率模糊评价方法

分析总结致密砂岩气藏采收率关键影响因素，运用模糊数学方法，建立致密砂岩气藏的采收率多参数综合评价模型，开展致密砂岩气藏采收率评价预测，提出致密砂岩气藏提高采收率开发对策。

一、气藏采收率多参数模糊分析评价方法

模糊数学分析是以最小二乘法为基础建立最优评判准则，进而给出论域中相对优与次优作为比较分类的依据，分类评价的主要步骤为：

（1）选择 m 个评价指标，建立 m 个评价指标、n 个评价单元的矩阵。

$$A = \begin{pmatrix} a_{11} & a_{12} & \cdots & a_{1m} \\ a_{21} & a_{22} & \cdots & a_{2m} \\ \vdots & \vdots & & \vdots \\ a_{n1} & a_{n2} & \cdots & a_{nm} \end{pmatrix} \quad (5\text{-}3\text{-}1)$$

基于储层评价参数一般分为两类：一类是指标越大越好，如渗透率、储层厚度、原始地层压力、裂缝密度、裂缝长度；另一类是指标越小越好，如原始含水饱和度、非均质变异系数、废弃井底压力、井距。于是将矩阵 A 转换成 R 阵：

$$R = \begin{pmatrix} r_{11} & r_{12} & \cdots & r_{1m} \\ r_{21} & r_{22} & \cdots & r_{2m} \\ \vdots & \vdots & & \vdots \\ r_{n1} & r_{n2} & \cdots & r_{nm} \end{pmatrix} \tag{5-3-2}$$

式中 r_{ij} 的计算遵循以下原则：

当参数指标越大越好时

$$r_{ij} = \frac{a_{ij} - \min\limits_{1 \leqslant i \leqslant n} a_{ij}}{\max\limits_{1 \leqslant i \leqslant n} a_{ij} - \min\limits_{1 \leqslant i \leqslant n} a_{ij}} \tag{5-3-3}$$

当参数指标越小越好时

$$r_{ij} = \frac{\max\limits_{1 \leqslant i \leqslant n} a_{ij} - a_{ij}}{\max\limits_{1 \leqslant i \leqslant n} a_{ij} - \min\limits_{1 \leqslant i \leqslant n} a_{ij}} \tag{5-3-4}$$

（2）对矩阵（5-3-3），利用取大或取小法则确定出储层单项指标最佳值，即求出相应向量 G 与 B。

由取大法则得

$$G = (\max\limits_{1 \leqslant i \leqslant n} r_{i1}, \ \max\limits_{1 \leqslant i \leqslant n} r_{i2}, \ \cdots, \ \max\limits_{1 \leqslant i \leqslant n} r_{im}) \tag{5-3-5}$$

由取小法则得

$$B = (\min\limits_{1 \leqslant i \leqslant n} r_{i1}, \ \min\limits_{1 \leqslant i \leqslant n} r_{i2}, \ \cdots, \ \min\limits_{1 \leqslant i \leqslant n} r_{im}) \tag{5-3-6}$$

（3）综合应用上述采收率影响多参数评价物理模拟实验结果与实际气藏的生产数据确定各项指标的权重系数 W。

$$W = (w_1, \ w_2 \cdots w_m) \tag{5-3-7}$$

其中，权重 w_i 越大，说明评价指标 i 的影响越大。

（4）计算储层分类指标 V_i，按 V_i 值分类排序或分类。

$$V_i = \frac{1}{1 + \left(\sum\limits_{j=1}^{m} w_j(g_j - r_{ij}) \middle/ \sum\limits_{j=1}^{m} w_j(r_{ij} - b_j) \right)^2} \tag{5-3-8}$$

由式（5-3-8）可以看出，采收率的模糊评价值 V_i 介于 0~1，评价值 V_i 越大，致密砂岩气藏的采收率就越高；反之，气藏的采收率就越低。

二、气藏采收率评价参数处理方法

根据上述采收率影响多参数评价物理模拟实验研究结果，明确了储层渗透率、含水饱和度等 7 个因素是影响气藏采收率的主要因素，表 5-3-1 是川中须家河致密砂岩气藏 20 口气

90

井的采收率评价参数实际值。

表 5-3-1　须家河致密砂岩气藏采收率评价实际参数

序号	渗透率（mD）	含水饱和度（%）	地层压力系数	废弃井底压力（MPa）	储层厚度（m）	非均质系数	泄流半径（m）
1	0.1000	46.00	1.30	5.80	6.50	0.60	340
2	0.0900	56.00	0.70	4.80	11.00	0.95	580
3	0.0800	64.00	2.40	6.60	18.50	0.80	240
4	0.0700	42.00	1.80	8.00	32.00	0.50	560
5	0.0600	44.00	2.30	5.40	17.00	0.15	460
6	0.0500	34.00	1.10	6.20	21.50	0.90	300
7	0.0400	40.00	0.90	4.40	12.50	1.00	500
8	0.0300	50.00	2.10	7.80	33.50	0.55	220
9	0.0200	32.00	1.50	6.40	27.00	0.65	200
10	0.0100	58.00	1.20	4.60	26.00	0.45	480
11	0.0095	52.00	1.70	7.40	23.00	0.05	440
12	0.0090	36.00	1.83	6.00	9.50	0.10	400
13	0.0085	68.00	1.88	5.20	15.50	0.30	280
14	0.0080	66.00	1.90	5.60	24.50	0.25	360
15	0.0075	60.00	2.20	7.20	14.00	0.35	260
16	0.0070	30.00	2.00	5.00	30.50	0.85	420
17	0.0065	48.00	1.95	7.60	8.00	0.75	320
18	0.0060	54.00	2.05	4.20	29.00	0.20	520
19	0.0055	62.00	1.40	7.00	20.00	0.40	380
20	0.0050	38.00	1.68	5.10	15.00	0.70	290

考虑到采收率评价参数中部分参数的变化范围较大（如储层渗透率 K 的变化范围在 0.001~0.1mD），造成评价参数在笛卡尔坐标系中分布不均（图 5-3-1）。因此，依据上述采收率影响多参数评价的物理模拟实验结果，从气藏工程和模糊数学评价的角度出发，对各

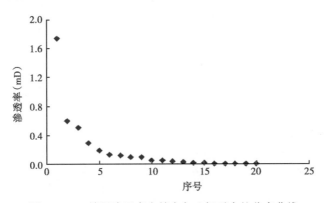

图 5-3-1　储层渗透率在笛卡尔坐标系中的分布曲线

个评价参数进行预处理，具体步骤如下。

1. 线性函数

物理模拟实验结果表明，致密砂岩气藏采收率与废弃井底压力 p_w 呈线性函数关系，因此评价参数保持原值不变，即

$$[p_w] = p_w \tag{5-3-9}$$

式中，$[p_w]$ 为数据处理后的废弃地层压力。

2. 对数函数

物理模拟实验结果表明，致密砂岩气藏采收率与储层厚度 h、地层压力系数 p_{Di} 这2个评价参数呈对数函数关系，故在进行采收率评价之前，对这2个参数引入对数变化：

$$\begin{aligned}[h] &= \ln h \\ [p_{Di}] &= \ln p_{Di}\end{aligned} \tag{5-3-10}$$

式中，$[h]$ $[p_{Di}]$ 分别为数据处理后的储层厚度和地层压力系数。

3. 存在临界值的分段函数

物理模拟实验结果表明，致密砂岩气藏采收率与渗透率 K、含水饱和度 S_w、非均质变异系数 V、泄流半径 r_e 这4个评价参数之间，为存在临界值的分段函数关系，它们的临界值分别为 0.1mD、40%、0.75、200m。故在进行采收率评价之前，从气藏工程和综合评价的数学角度考虑，对这4个参数进行分段处理：

$$\begin{cases} [K] = \ln K & K < 0.1 \\ [K] = \ln 0.1 & K \geqslant 0.1 \\ [S_w] = S_w/10 & S_w < 40\% \\ [S_w] = S_w & S_w \geqslant 40\% \\ [V] = V/10 & V < 0.75 \\ [V] = V & V \geqslant 0.75 \\ [r_e] = r_e/2 & r_e < 200 \\ [r_e] = r_e & r_e \geqslant 200 \end{cases} \tag{5-3-11}$$

式中，$[K]$、$[S_w]$、$[V]$、$[r_e]$ 分别为数据处理后的渗透率、含水饱和度、非均质变异系数、泄流半径。

根据式（5-3-9）至式（5-3-11），可以得到变换处理后的致密砂岩气藏采收率评价参数（表5-3-2）。

表5-3-2 处理后须家河致密砂岩气藏采收率评价参数

序号	渗透率（mD）	含水饱和度（%）	地层压力系数	废弃井底压力（MPa）	储层厚度（m）	非均质系数	泄流半径（m）
1	-2.30	46.00	0.26	5.80	1.87	0.06	340.00
2	-2.41	56.00	0.36	4.80	2.40	0.95	580.00
3	-2.53	64.00	0.88	6.60	2.92	0.80	240.00
4	-2.66	42.00	0.59	8.00	3.47	0.05	560.00

序号	渗透率 （mD）	含水饱和度 （%）	地层压力 系数	废弃井底压力 （MPa）	储层厚度 （m）	非均质 系数	泄流半径 （m）
5	-2.81	44.00	0.83	5.40	2.83	0.15	460.00
6	-3.00	3.40	0.10	6.20	3.07	0.90	300.00
7	-3.22	40.00	0.11	4.40	2.53	1.00	500.00
8	-3.51	50.00	0.74	7.80	3.51	0.06	220.00
9	-3.91	3.20	0.41	6.40	3.31	0.07	200.00
10	-4.61	58.00	0.18	4.60	3.26	0.05	480.00
11	-4.66	52.00	0.53	7.40	3.14	0.01	440.00
12	-4.71	3.60	0.60	6.00	2.25	0.01	400.00
13	-4.77	68.00	0.63	5.20	2.74	0.03	280.00
14	-4.83	66.00	0.64	5.60	3.20	0.03	360.00
15	-4.89	60.00	0.79	7.20	2.64	0.04	260.00
16	-4.96	3.00	0.69	5.00	3.42	0.85	420.00
17	-5.04	48.00	0.67	7.60	2.08	0.08	320.00
18	-5.12	54.00	0.72	4.20	3.37	0.02	500.00
19	-5.20	62.00	0.34	7.00	3.00	0.04	380.00
20	-5.30	3.80	0.52	5.10	2.71	0.07	290.00

　　以表 5-3-2 为原矩阵，根据式（5-3-3）和式（5-3-4）可以计算得到对应的 **R** 矩阵（表 5-3-3），该矩阵参数值都介于 0~1。以此 **R** 矩阵为基础，运用上面提到的数学模糊评价方法，开展致密砂岩气藏的采收率评价。

表 5-3-3　气藏采收率评价参数经过模糊分析变形的 **R** 矩阵参数

序号	渗透率 （mD）	含水饱和度 （%）	地层压力 系数	废弃井底压力 （MPa）	储层厚度 （m）	非均质 系数	泄流半径 （m）
1	1.000	0.338	0.502	0.579	0.000	0.172	0.632
2	0.964	0.185	0.000	0.842	0.321	0.828	0.000
3	0.923	0.062	1.000	0.368	0.638	0.640	0.895
4	0.877	0.400	0.767	0.000	0.972	0.857	0.053
5	0.824	0.369	0.965	0.684	0.586	0.957	0.316
6	0.761	0.994	0.367	0.474	0.730	0.979	0.737
7	0.684	0.431	0.204	0.947	0.399	0.684	0.211
8	0.585	0.277	0.892	0.053	1.000	0.910	0.947
9	0.445	0.997	0.619	0.421	0.880	0.590	1.000
10	0.206	0.154	0.437	0.895	0.845	0.884	0.263
11	0.188	0.246	0.720	0.158	0.771	0.796	0.368
12	0.170	0.991	0.778	0.526	0.231	0.533	0.474
13	0.150	0.000	0.800	0.737	0.530	0.295	0.789

序号	渗透率 （mD）	含水饱和度 （%）	地层压力 系数	废弃井底压力 （MPa）	储层厚度 （m）	非均质 系数	泄流半径 （m）
14	0.129	0.031	0.810	0.632	0.809	0.934	0.579
15	0.107	0.123	0.929	0.211	0.468	0.762	0.842
16	0.083	1.000	0.852	0.789	0.943	0.725	0.421
17	0.058	0.308	0.831	0.105	0.127	0.390	0.684
18	0.030	0.215	0.872	1.000	0.912	0.000	0.158
19	0.000	0.092	0.563	0.263	0.685	1.000	0.526
20	0.758	0.387	0.701	0.526	0.974	0.562	0.474

三、运用模糊分析法进行致密砂岩储层分类评价

根据式（5-3-5）计算得到向量 G：

$$G = (1, 1, 1, 1, 1, 1, 1) \tag{5-3-12}$$

根据式（5-3-6）计算得到向量 B：

$$B = (0, 0, 0, 0, 0, 0, 0) \tag{5-3-13}$$

物理模拟实验结果表明，渗透率、含水饱和度、原始地层压力、废弃井底压力、储层厚度、非均质系数以及泄流半径对采收率的影响程度分别为26.45%、10.03%、21.29%、3.04%、14.46%、12.58%、12.15%（表5-3-4）。根据物理模拟实验结果反映的影响程度，并参考专家的评判打分以及实际气藏的生产数据对其修正，得到模糊评价权重系数 W 的赋值：

$$W = (0.25, 0.13, 0.20, 0.03, 0.14, 0.13, 0.12) \tag{5-3-14}$$

表5-3-4 物理模拟实验结果反映的影响程度与权重系数

评价参数	实验结果反映的影响程度（%）	模糊评价权重系数
渗透率	26.45	0.25
含水饱和度	15.03	0.15
原始地层压力	21.29	0.18
废弃井底压力	3.04	0.03
储层厚度	14.46	0.14
非均质变异系数	12.58	0.13
泄流半径	12.23	0.12

根据式（5-3-8）计算得到致密砂岩气藏采收率模糊评价结果（表5-3-5），由此可知，模糊评价值与物模实验采收率具有很好的一致性，可以反映气藏采收率的高低，通常模糊评价值越大，气藏的开发效果较好，其采收率就越高。

表 5-3-5   须家河致密砂岩气藏采收率模糊评价结果

序号	渗透率 （mD）	含水饱和度 （%）	地层压力 系数	废弃井底压力 （MPa）	储层厚度 （m）	非均质 系数	泄流半径 （m）	物模实验 结果	模糊评 价值
1	0.1000	46.00	1.30	5.80	6.50	0.60	340	50.75	0.630
2	0.0900	56.00	0.70	4.80	11.00	0.95	580	35.98	0.636
3	0.0800	64.00	2.40	6.60	18.50	0.80	240	77.33	0.839
4	0.0700	42.00	1.80	8.00	32.00	0.50	560	72.20	0.709
5	0.0600	44.00	2.30	5.40	17.00	0.15	460	80.41	0.869
6	0.0500	34.00	1.10	6.20	21.50	0.90	300	65.71	0.892
7	0.0400	40.00	0.90	4.40	12.50	1.00	500	39.30	0.611
8	0.0300	50.00	2.10	7.80	33.50	0.55	220	75.23	0.770
9	0.0200	32.00	1.50	6.40	27.50	0.65	200	66.07	0.766
10	0.0100	58.00	1.20	4.60	26.00	0.45	480	26.31	0.445
11	0.0095	52.00	1.70	7.40	23.00	0.05	440	42.70	0.338
12	0.0090	36.00	1.83	6.00	9.50	0.10	400	21.61	0.467
13	0.0085	68.00	1.88	5.20	15.50	0.30	280	7.49	0.309
14	0.0080	66.00	1.90	5.60	24.00	0.25	360	39.43	0.484
15	0.0075	60.00	2.20	7.20	14.00	0.35	260	43.28	0.384
16	0.0070	30.00	1.95	5.00	30.50	0.85	420	56.33	0.634
17	0.0065	48.00	1.95	7.60	8.00	0.75	320	1.62	0.181
18	0.0060	54.00	2.05	4.80	29.00	0.20	520	7.70	0.190
19	0.0055	62.00	1.40	7.00	20.00	0.40	380	13.37	0.284
20	0.0050	38.00	1.68	5.10	15.00	0.70	290	13.29	0.236

致密砂岩气藏采收率多参数模糊评价结果准确度较高，评价值与物理模拟实验结果的符合率达到 75% 以上（图 5-3-2）。通过物理模拟实验结果与模糊评价结果的相互验证，可以保证采收率多参数模糊评价结果的准确性和有效性。

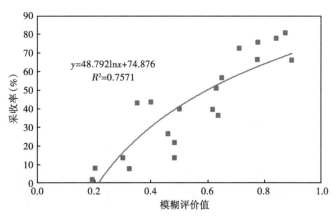

图 5-3-2   物理模拟实验结果与模糊评价值的关系曲线

四、气藏采收率多参数综合评价实例验证

根据上述模糊数学方法得到的多参数采收率评价结果，结合致密砂岩气藏特点，对4个典型致密砂岩气藏进行采收率多参数综合评价实例应用，应用结果见表5-3-6与图5-3-3。

表 5-3-6 致密砂岩气藏采收率模糊评价结果

气藏	渗透率（mD）	含水饱和度（%）	原始地层压力（MPa）	废弃井底压力（MPa）	储层厚度（m）	非均质系数	泄流半径（m）	气藏生产数据（%）	模糊评价值
苏6	1.700	60.65	28.05	4.50	12.40	0.500	300	60.00	0.648
苏75	0.241	55.00	29.39	4.90	10.90	0.150	300	31.70	0.383
安岳须二	0.030	48.06	33.22	5.00	13.87	0.900	400	24.36	0.281
广安须六	0.138	17.93	20.21	4.70	27.05	0.673	300	45.37	0.473

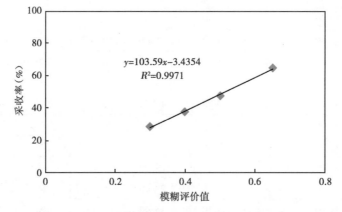

图 5-3-3 典型气藏预测采收率与模糊评价值的关系

采收率多参数综合评价方法综合考虑了渗透率、含水饱和度、废弃压力等多因素对采收率的影响，能全面体现致密砂岩气藏在储集空间、渗流能力以及开发方式方面的差异性，采收率评价值与气田生产动态数据的偏差基本不超过5%（图5-3-4），证明该评价体系合理有效。

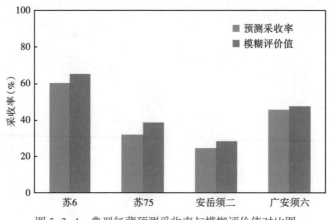

图 5-3-4 典型气藏预测采收率与模糊评价值对比图

参 考 文 献

[1] 郝玉鸿，许敏，徐小蓉. 正确计算低渗透气藏的动态储量 [J]. 石油勘探与开发，2002，29（5）：66-67.

[2] 李宝国，石万里，王淑娟，等. 气田采收率计算过程中的问题探讨 [J]. 海洋石油，2006，26（3）：55-60.

[3] 李士伦. 天然气工程 [M]. 北京：石油工业出版社，2000.

[4] 黄炳光，刘蜀知，唐海，等. 气藏工程与动态分析方法 [M]. 北京：北京石油工业出版社，2004.

[5] 王鸣华. 气藏工程 [M]. 北京：石油工业出版社，1997.

[6] 田玲钰，周游，刘亚勇，等. 深层气藏采收率计算机提高采收率对策研究 [J]. 断块油气田，2002，9（63）：49-51.

第六章 致密砂岩气藏防水技术与应用

致密砂岩气藏储层含水饱和度普遍偏高，气井产水现象普遍，而致密砂岩气藏气井产水对于产气量的影响是致命的[1]，因此，气水层的准确识别与划分直接决定了气藏的开发效果，对于气藏的高效开发具有重要意义[2]。

第一节 储层可动水饱和度测试论证

一、可动水饱和度测试方法

致密砂岩储层由于其喉道细小，且所控制得孔隙体积比较大，含水饱和度一般都比较高；而储层中原生水包含束缚水和可动水，其中束缚水赋存在细小孔喉及死孔隙内，在生产开发过程中无法运移，而可动水赋存在与小孔喉连通的一些较大的孔隙中，在生产过程中由于压裂沟通或驱动压力梯度的增加，导致这部分可动水运移并部分产出（产水），对气井产能影响大[3-5]。

根据可动水的定义及核磁共振 T_2 弛豫时间物理内涵，岩心可动水饱和度可通过核磁共振测试获取，具体流程如下[5,6]：

第一步：100%饱和地层水后核磁共振测试 100%饱和地层水状态下 T_2 谱曲线，并绘制不同弛豫时间 T_2 下累计信号强度曲线，确定 100%饱和地层水时岩样总的核磁信号强度 E_1。

第二步：将岩样置于 300psi 离心力下离心；离心 1h。

第三步：离心完后再次核磁共振测试获取离心后岩样核磁 T_2 谱曲线，并绘制不同弛豫时间 T_2 下累计信号强度曲线，确定 300psi 离心力离心后岩样总的核磁信号强度 E_2。

第四步：在 100%饱和地层水状态下不同弛豫时间 T_2 累计信号强度曲线插值确定累计核磁信号强度 E_2 对应的 T_2 弛豫时间，记为 T_2 截止值 T_0。

第五步：计算 300psi 离心后 T_2 弛豫时间大于 T_0 的信号强度，记为 E_3，对应的可动水饱和度为 E_3/E_1（图 6-1-1）。

二、可动水饱和度参数论证

1. 可动水饱和度是储层的固有属性

致密砂岩气藏储层 64 块岩样的可动水饱和度测试结果表明，可动水饱和度与孔隙度、渗透率和原始含水饱和度都没有很好的对应关系（图 6-1-2 至图 6-1-4）。

孔隙度低的岩心可动水饱和度可能很高，孔隙度高的岩心可动水饱和度可能很低。这是由于孔隙度主要表征储层有效孔隙所占的比例，不能很好地表征孔隙之间的连通性，而可动水饱和度受到孔隙大小及连通性的影响；渗透率低的岩心可动水饱和度可能较高，而渗透率高的岩心可动水饱和度可能较低，这是由于尽管渗透率受孔隙大小及连通性的影响，但不同大小孔喉分布比例的岩心可能具有相同的渗透率，而可动水饱和度受不同大小孔喉分布比例

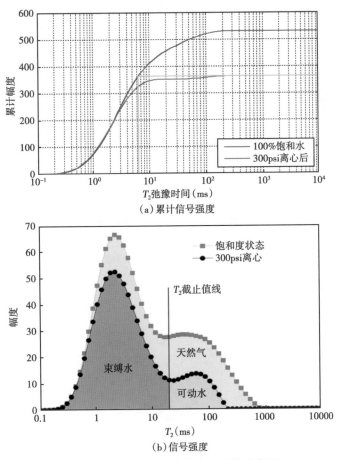

（a）累计信号强度

（b）信号强度

图 6-1-1　核磁可动水饱和度计算示意图

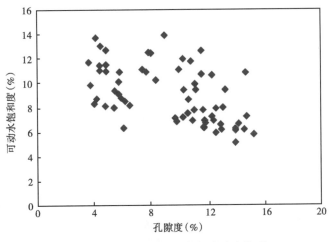

图 6-1-2　可动水饱和度与孔隙度关系

影响大，小孔喉占的比例越高，可动水饱和度越低；可动水饱和度与原始含水饱和度没有很好的对应关系是由于原始含水饱和度不仅受到微观孔喉分布的影响，还受到成藏动力等其他因素的影响。

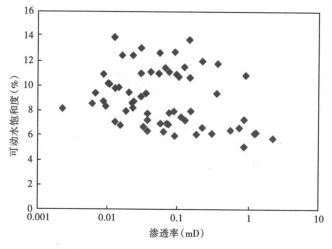

图 6-1-3　可动水饱和度与渗透率关系

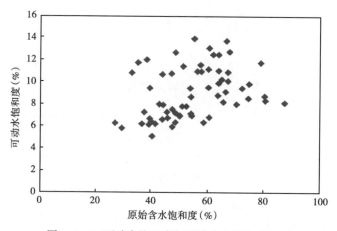

图 6-1-4　可动水饱和度与原始含水饱和度关系

　　可动水饱和度与孔隙度、渗透率、原始含水饱和度并无很好的对应关系表明，可动水饱和度是受储层矿物成分与微观孔隙结构特征决定的，因此，它与孔隙度、渗透率参数一样，同属于储层的固有属性，可用于致密砂岩气藏储层物性描述与评价，特别是用来描述储层水的可动性具有明显优势。

2. 可动水饱和度可有效预测气井产水特征

　　苏里格与须家河致密砂岩气藏储层 300 块岩心核磁共振实验测试可动水饱和度结果分布规律表明（图 6-1-5），不同储层的岩心，可动水饱和度的分布范围不同，苏里格气藏岩心（苏中和苏东）可动水饱和度整体偏低，绝大的部分在 8% 以下，少量介于 8%～11%，极少数大于 11%；须家河组须六储层岩心可动水饱和度分布范围与上述苏里格气藏岩心相当；而须四储层和须二储层岩心的可动水饱和度明显偏高，几乎都大于 8%，而且有一半岩心的可动水饱和度大于 11%。这一实验结果与对应储层的产水动态具有很好的一致性，苏里格中部、东部气藏气井生产过程中基本不产水或产少量水；而须家河组除须六气藏气井产水量较少外，须四气藏和须二气藏在生产过程中大部分气井产水。由此可见，300 块致密砂岩储层岩心可动水饱和度测试结果与气井实际产水动态具有很好的对应关系，证明用可动水饱和度来判断储层的产水动态是可行的。

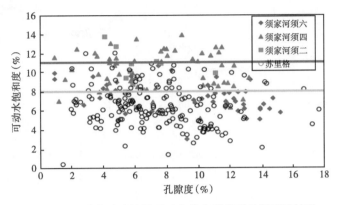

图 6-1-5   致密砂岩储层可动水饱和度核磁共振测试结果

　　分析不同井储层岩心的可动水饱和度平均值与对应的气井产水特征发现，储层可动水饱和度与气井产水量具有明显的正相关关系（图 6-1-6）。可动水饱和度越大，气井产水量越大，可动水饱和度低于 6% 的气井基本不产水，可动水饱和度介于 6%～8% 的气井少量产水，可动水饱和度介于 8%～11% 的气井大量产水，大于 11% 的气井严重产水，如可动水饱和度大于 11% 的三口气井生产过程中发生水淹，导致气井无法生产。由此可以判断储层是否产水的临界值为 6%。图 6-1-7 至图 6-1-9 是 3 口典型井的实际生产动态，结果表明可动水饱和度能表征致密砂岩气藏储层的产水特征，可有效预测气井产水情况。

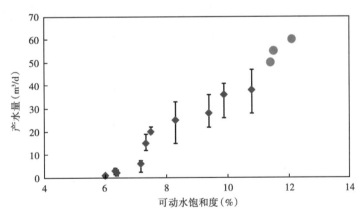

图 6-1-6   可动水饱和度与气井产水特征的关系
图中每个数据点的产水量具有 3 个信息，●代表稳产期产水量，
◆上限和下限分别代表生产过程中的最高和最低产水量

　　由此可见，可动水饱和度作为致密砂岩储层的固有属性，并且能有效表征致密砂岩气藏的产水特征，因此可以作为致密砂岩气藏储层物性特征评价的重要参数。

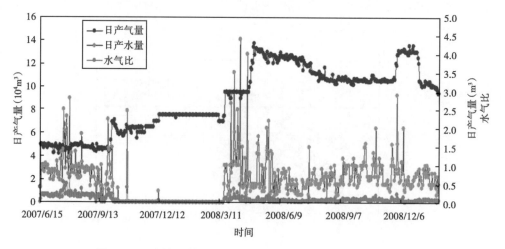

图 6-1-7 须家河储层可动水饱和度 6.3% 对应气井产水动态

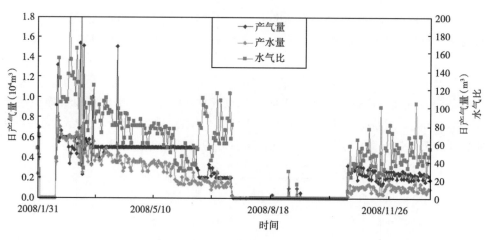

图 6-1-8 须家河储层可动水饱和度 10.8% 对应气井产水动态

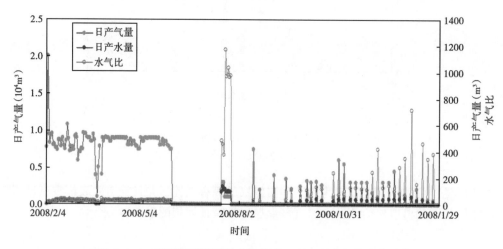

图 6-1-9 须家河储层可动水饱和度 12.6% 对应气井产水动态

第二节　储层可动水饱和度测井解释方法

　　储层可动水饱和度可以有效预测产水动态，指导气藏高效开发。但是由于目前得到的可动水饱和度都是室内岩心实验测试结果，其规模生产应用受到极大限制，如何能够实现可动水饱和度的批量解释处理，是解决其应用于生产实践的技术关键。上述研究结果表明，岩心可动水饱和度与岩心孔隙度、渗透率、原始含水饱和度相关性差，直接通过孔隙度、渗透率、原始含水饱和度来预测储层可动水饱和度显然是不合理的。研究发现致密砂岩储层岩心测试得到的束缚水饱和度（核磁共振测试的原始含水饱和度与可动水饱和度差值）与岩心孔隙度存在很好正相关性（图 6-2-1），致密砂岩储层束缚水饱和度 S_{wr} 可以用孔隙度来描述 [式（6-2-1）]，该式对于致密砂岩储层具有普遍的应用意义。

$$S_{wr} = a + b\phi \qquad\qquad (6-2-1)$$

式中，S_{wr} 为束缚水饱和度，%；ϕ 为孔隙度，%；a 为拟合直线截距，%；b 为拟合直线斜率。

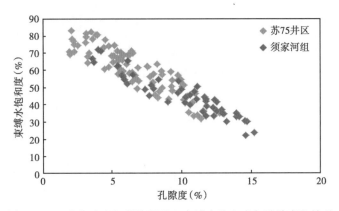

图 6-2-1　致密砂岩气藏储层岩心束缚水饱和度与孔隙度的关系

　　根据水的赋存状态，储层水分为束缚水和可动水，其中可动水饱和度 S_{mw} 可以表示为

$$S_{mw} = S_{wi} - S_{wr} \qquad\qquad (6-2-2)$$

式中，S_{wi} 为原始含水饱和度，%；S_{mw} 为可动水饱和度，%。

　　将束缚水饱和度关系式代入式（6-2-2）即可得到可动水饱和度计算公式，从而用常规测井解释曲线可以快速获得储层可动水饱和度测井解释曲线，实现可动水饱和度参数在气井产水动态预测上的规模化实践应用。图 6-2-2 为广安 002-30 井可动水饱和度测井解释结果，可以看到气井生产层位对应的可动水饱和度在 10% 左右，气井产气量较大，伴有一定的产水量。

　　广安 002-23 井测井解释结果表明，射孔层段可动水饱和度低，介于 0~10%（图 6-2-3）；试气结果及生产动态显示产水量小，主要产水量分布在 0~1m³/d（图 6-2-4），可动水饱和度测井解释结果与生产动态一致。

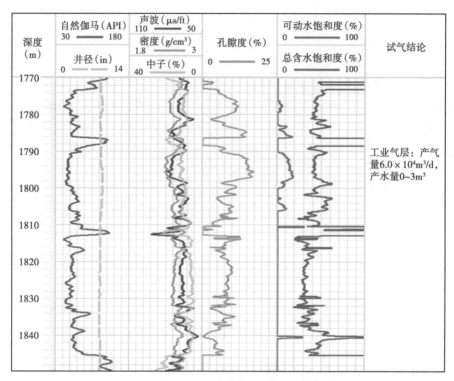

图 6-2-2　广安 002-30 井可动水饱和度测井解释结果

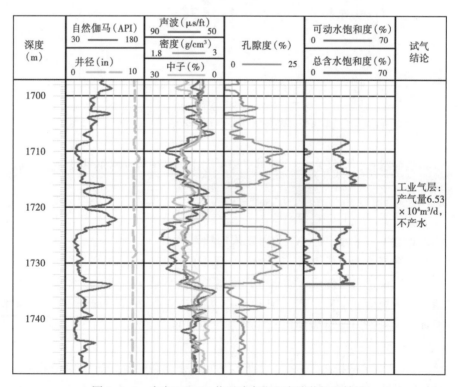

图 6-2-3　广安 002-23 井可动水饱和度测井解释结果

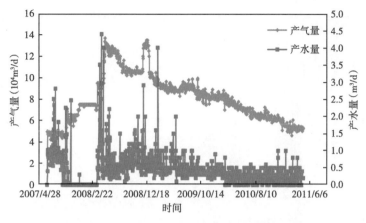

图 6-2-4　广安 002-23 井气水生产动态曲线

广安 111 井测井解释结果表明，射孔层段可动水饱和度较高，介于 10%～20%（图 6-2-5）；试气结果及生产动态显示产水量较大，介于 3～10m³/d（图 6-2-6），解释结果与生产动态一致。

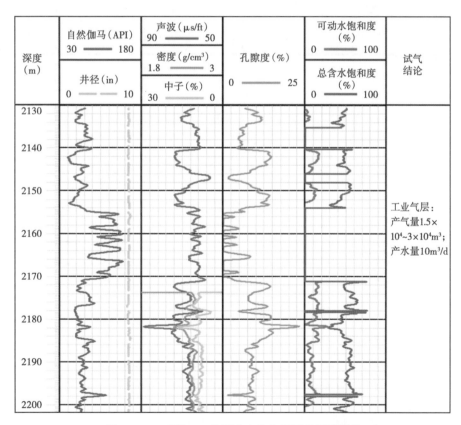

图 6-2-5　广安 111 井可动水饱和度测井解释结果

广安 5 井测井解释结果表明，射孔层段可动水饱和度高，集中分布在 20% 以上（图 6-2-7）；试气结果及生产动态显示产水量大，30m³/d（图 6-2-8），解释结果与生产动态基本一致。

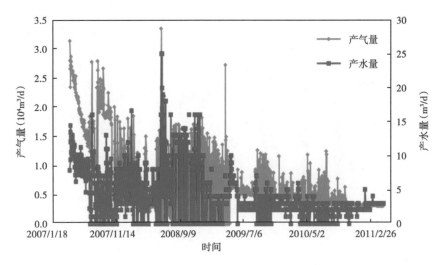

图 6-2-6　广安 111 井气水生产动态曲线

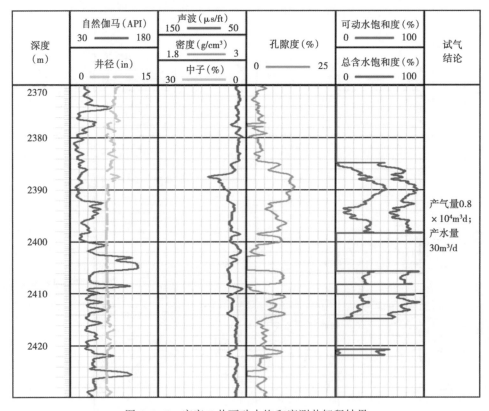

图 6-2-7　广安 5 井可动水饱和度测井解释结果

　　统计多口气井可动水饱和度测井解释结果，结合对应的气井产水量，划分出了测井解释可动水饱和度判断气井产水动态标准（表 6-2-1）。气井开发层位可动水饱和度小于 10%，生产过程中气井产少量水或不产水；可动水饱和度大于 10%，小于 20%，气井生产过程中会产出一定量的水；可动水饱和度大于 20%，气井生产过程值会大量产水。

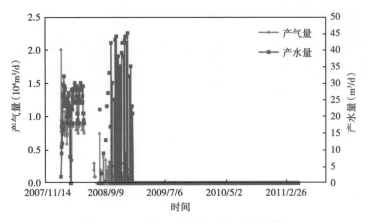

图 6-2-8 广安 5 井气水生产动态曲线

表 6-2-1 测井解释可动水饱和度判断气井产水标准

井号	可动水饱和度（%）	产水量（m³/d）
广安 1	0	0
广安 108	0~10	1~3
广安 002-23	0~10	0~2
广安 002-25	0~10	1~4
广安 002-29	0~10	0~3.5
广安 002-30	0~10	0~3
广安 002-31	0~10	0~3
广安 002-32	0~10	0~4
广安 111	10~20	3~10
广安 002-35	10~20	4~6
广安 002-38	12~19	5~12
广安 002-43	16~20	10~19
广安 002-40	20~40	25~40
广安 5	20~52	30~45
广安 101	22~50	26~42

第三节　气水层识别新方法

目前，常规测井解释还是致密砂岩气藏气水层识别的主要手段，近几年新出现了成像测井、核磁共振测井等一些更为先进的方法，更有助于储层的准确识别。根据常规测井响应机理，一般使用 6 个对储层识别较为敏感的常规测井曲线响应特征参数：中子孔隙度、声波时差、深浅双侧向电阻率、补偿密度、自然伽马等，通过测井解释曲线特征值计算储产孔隙度、渗透率、饱和度，然后建立解释模型、测井解释响应方程，合理选取中间参数，用交会图法来识别气水层。目前常用的交会图法有孔隙度—饱和度交会图法、深浅侧向电阻率比值交会图法、孔隙度—电阻率交会图法、间接判别法、自然伽马和深侧向电阻率值交会图法、偶极横波成像测井（DSI）等。

一、常规气水层识别方法与标准

对于一定的储层系统，孔隙度和孔隙结构、泥质含量等与束缚水相关系数比较高的参数均保持不变，则孔隙的气水分布主要由可动水饱和度决定。测井曲线中能够根据电阻率测井得到地层的平均电阻率、地层水电阻率和岩石电阻率。通过阿尔奇公式来计算目标储层的含水饱和度，根据含水饱和度与孔隙度的交会图，进行气水层识别。

$$S_{\mathrm{w}} = \left(\frac{abR_{\mathrm{w}}}{R_{\mathrm{t}}\phi_{\mathrm{e}}^{m}}\right)^{\frac{1}{n}} \tag{6-3-1}$$

式中，S_{w} 为含水饱和度，a、b 分别为岩性系数，m 为孔隙度指数，n 为饱和度指数，R_{w} 为地层水电阻率，R_{t} 为岩石电阻率，ϕ_{e} 为有效孔隙度。

式（6-3-1）可以计算纯砂岩油气层的岩石含水饱和度，1983 年法国 Simandoux 对砂和黏土组成的混合介质进行了实验研究，得出泥质砂岩电导率关系式。该式是混合泥质砂岩模型，是一种反映含分散泥质的岩石导电性模型，可有效计算泥质含量高的砂岩储层含水饱和度。具体计算公式如下：

$$S_{\mathrm{w}} = \sqrt{\frac{aR_{\mathrm{w}}}{R_{\mathrm{t}}\phi_{\mathrm{e}}^{m}} + \left(\frac{aR_{\mathrm{w}}}{2\phi_{\mathrm{e}}^{m}} \times \frac{V_{\mathrm{cl}}}{R_{\mathrm{cl}}}\right)^{2}} - \frac{aR_{\mathrm{w}}}{2\phi_{\mathrm{e}}^{m}} \times \frac{V_{\mathrm{cl}}}{R_{\mathrm{cl}}} \tag{6-3-2}$$

式中，V_{cl} 为泥质体积，R_{cl} 为泥质电阻率。

根据含水饱和度计算公式，结合常规测井解释资料，可以得到地层的含水饱和度—孔隙度交会图，然后进行气水层划分。

二、气水层识别新方法与新标准

在常规气水层识别基础上，引入可动水饱和度参数，建立可动水饱和度与含气饱和度交会图，根据两者的分布范围与对应的产水量与含水关系，即可对致密砂岩储层进行气水层识别划分。

统计苏里格气田 100 多口井的可动水饱和度、含水饱和度测井解释结果与对应的气井生产动态，绘制了致密砂岩气藏气水层综合识别的可动水饱和度—含气饱和度交会图（图 6-3-1），

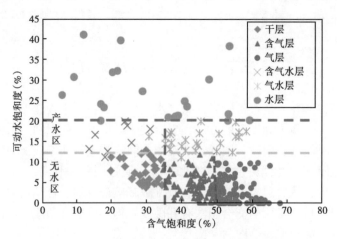

图 6-3-1　致密砂岩储层气水层综合识别图版

建立了致密砂岩气藏气水层综合判别的标准（表6-3-1）。根据上述研究结果，储层可动水饱和度大于20%，生产过程中一定会大量产水，因此即使含气饱和度较高，一般也划分为水层；储层可动水饱和度10%~20%，生产过程中会有一定量的水产出，根据含气饱和度的高低可以将其划分为气水层与含气水层；储层可动水饱和度小于10%，生产过程中产少量水或不产水，根据含气饱和度大小，可以将其分为气层、含气层与干层。

表6-3-1　致密砂岩储层气水层综合识别标准

S_{mw} 值	S_g 值	解释结论
≥20		水层
12~<20	≥35	气水层
	<35	含气水层
<12	≥50	气层
	35~<50	含气层
	<35	干层

三、储层气水层识别新方法验证

根据对老井可动水饱和度测井解释、气水层识别成果、试采数据和生产动态数据对比分析，显示储层可动水饱和度大小与气井试采产水、生产动态具有很好的一致性，说明通过致密砂岩气藏气水层综合识别标准，对储层的精确分类更加有利于认识气水层，可以有效指导气藏开发。

1. SD05-143井气水层识别

传统方法气水层解释识别结果表明（表6-3-2、图6-3-2），四个射孔井段都是气层，而新的气水层识别方法解释结果前三段与传统方法一致，但是第四段（2718~2721m）是气水层，而气井实际试采结果日产气量只有 $0.6336 \times 10^4 m^3$，而日产水量达到了 $10m^3$，验证了新方法的准确性与可靠性。

表6-3-2　SD05-143井气水层解释结果与生产动态

	层位	盒8上亚段	盒8下亚段	山1² 亚段	山2¹ 亚段
地层参数	气层井段（m）	2580~2591	2638~2657	2675.1~2679.6	2714.5~2722
	电阻率（Ω·m）	65.75	25.21	31	46.14
	孔隙度（%）	8.00	11.30	11.00	9.80
	含气饱和度（%）	60.10	56.00	54.00	60.30
	传统方法解释结果	气层	气层	气层	气层
	新方法解释结果	气层	气层	气层	气水层
	射孔井段（m）	2589~2591	2646~2649	2676~2679	2718~2721

	改造方式	四封压裂			
	设计液量（m³）	1030			
施工压力参数	入地总量（m³）	326.5	155.1	285	171.5
	陶粒用量（m³）	40.2	16.4	35.5	18.8
	施工排量（m³/min）	3.2	2.4~2.6	3.2	2.6
	砂比（%）	20.4	16.8	20.7	18.9
	含砂浓度（kg/m³）	357.00	295.00	363.00	327.00
	破裂压力（MPa）	45.5	45.3	48	43.3
	施工压力（MPa）	45~48	32~45	42~46	34~43
地质Ⅲ类，动态Ⅲ类		日产水量 10m³			
		无阻流量 0.6336×10⁴m³/d			

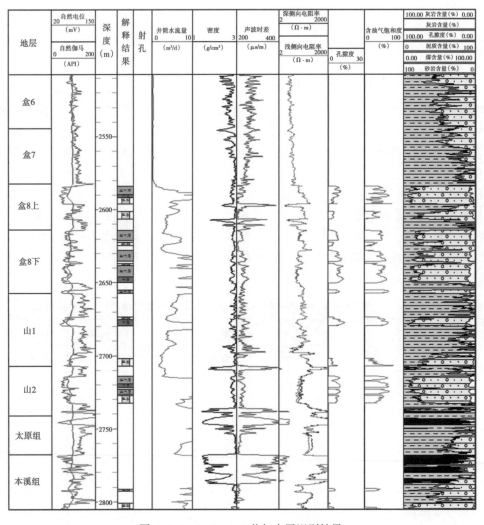

图 6-3-2　SD05-143 井气水层识别结果

2. SD08-125 井气水层识别

传统方法气水层解释识别结果表明（图 6-3-3、表 6-3-3），除第三个射孔井段是气层外，其余三个井段都是含气层；而新的气水层识别方法解释结果与传统方法有很大不同，第一段（2741～2744m）是气水层，第四段是气层，其余两段一致，而气井实际试采结果日产气量只有 0.9222×10^{4}m^3，而日产水量达到了 21.6m^3，结果再次验证了新方法的准确性与可靠性。

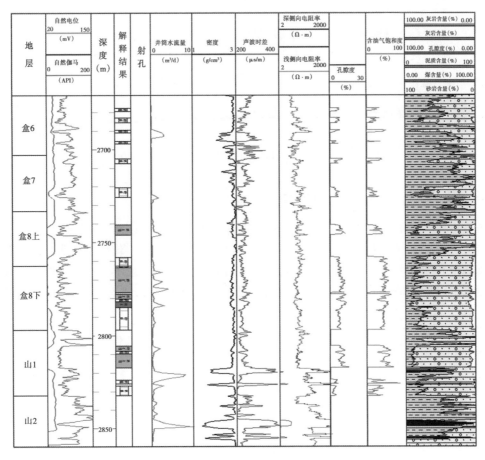

图 6-3-3　SD08-125 井气水层识别结果

表 6-3-3　SD08-125 井气水层解释结果与生产动态

	层位	盒 8 上亚段	盒 8 下亚段	盒 8 下亚段	山 1 段
地层参数	气层井段（m）	2740.5～5745.9	2763.5～2776.9	2781.8～2784.8	2809.8～2817.3
	电阻率（Ω·m）	25.94	23.47	17.2	23.69
	孔隙度（%）	8.56	9.32	11.58	9.84
	含气饱和度（%）	49	47.6	60.5	50
	传统方法解释结果	含气层	含气层	气层	含气层
	新方法解释结果	气水层	含气层	气层	气层
	射孔井段（m）	2741.0～2744.0	2764.0～2767.0	2782.0～2785.0	2808.0～211.0

排液情况	累计排液量（m³）		632.8
	返排率（%）		111.9
测试求产	关井恢复	油压（MPa）	8.6
		套压（MPa）	10.1
	静压（MPa）		14.9657
	稳定压力	油压（MPa）	6.6
		套压（MPa）	8.2
地质Ⅲ类，动态Ⅲ类		日产气量（10⁴m³）	0.9222
		日产水量（m³）	21.6
		无阻流量（10⁴m³/d）	1.315

第四节 气水层识别新方法应用效果

一、苏75-71-35X井气水层识别及应用效果跟踪

依据可动水饱和度和含气饱和度解释成果综合判断：苏75-71-35X井钻遇气层22.8m/4，与传统方法气层解释结果一致（表6-4-1）。可动水饱和度测井解释结果表明，四个钻井层段可动水饱和度都很低（图6-4-1），说明开发过程中储层微量或不产水，因此，建议四个层段全部射开，同时生产，射孔与压裂时保证作业的精准性，注意避开上下水层或含气水层。

表6-4-1 苏75-71-35X井新方法测井解释数据成果表

层位	层号	井段（m）	有效孔隙度（%）	含气饱和度（%）	可动水饱和度（%）	传统方法解释结果	新方法解释结果
石盒子组	20	3484.2~3491.0	8.09	51.94	0	气层	
	22	3494.7~3499.0	8.1	57.86	1.4	气层	
山西组	29	3538.5~3543.6	8.64	61.75	0.2	气层	
	36	3567.6~3572.0	7.74	54.13	0.2	气层	

气井三年多的生产动态表明（图6-4-2），从2013年11月生产，截至2016年10月底累计产气量达到1050×10⁴m³，平均日产气2.0×10⁴m³，几乎不产水，生产状态平稳，日产量与累计产量明显高于其他同类井，证明可动水饱和度测井解释结果合理、有效，新方法气水层识别准确率高，能够有效起到防水、控水作用，可以大大增加致密砂岩气藏的可动用储量，提高气藏采收率。

二、苏75-56-23井气水层识别及应用效果跟踪

依据可动水饱和度和含气饱和度解释成果综合判断：苏75-56-23井在3434.4~3460.2m井段之间钻遇四个层段，其中包含气层8.3m/3和水层2.9m/1，与传统方法气水层解释结果存在一定差别（表6-4-2），传统方法解释第15层为气层，而新方法解释其为气

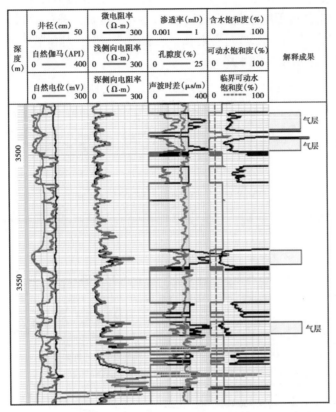

图 6-4-1 苏 75-71-35X 井可动水饱和度测井解释成果

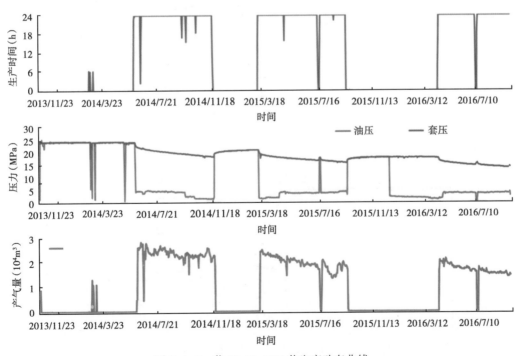

图 6-4-2 苏 75-31-35X 井生产动态曲线

水层。可动水饱和度测井解释结果表明，钻井层段第15层可动水饱和度很高，达到了20%（图6-4-3），说明生产过程中该储层可能会大量产水，因此，建议避开第15层，针对第14层、第19层、第20层三个气层段进行射孔、压裂生产，射孔与压裂时要尽量保证作业的精准性，注意避开上下水层或含气水层。

表 6-4-2　苏 75-56-23 井新方法测井解释数据表

层号	井段 （m）	孔隙度 （%）	含气饱和度 （%）	可动水饱和度 （%）	传统方法 解释结果	新方法 解释结果
14	3434.4~3436.4	9.6	51.9	3		气层
15	3437.7~3440.6	14.6	49.5	20	气层	气水层
19	3454.8~3457.0	10.0	55.9	3		气层
20	3458.2~3459.4	7.7	53.1	0		气层

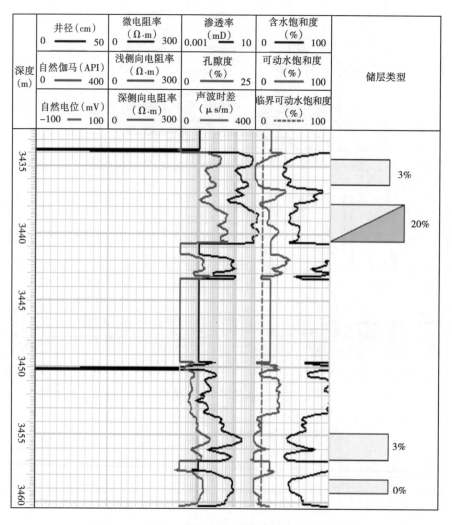

图 6-4-3　苏 75-56-23 井可动水饱和度测井解释成果

气井两年多的生产动态表明（图6-4-4），从2014年12月生产，截至2016年10月累计产气量达到903×10⁴m³，平均日产气1.3×10⁴m³，几乎不产水，生产状态平稳，日产量与累计产量明显高于其他同类井，证明可动水饱和度测井解释结果合理、有效，新方法气水层识别准确率高，能够有效起到防水、控水作用，可以大大增加致密砂岩气藏的可动用储量，提高气藏采收率。

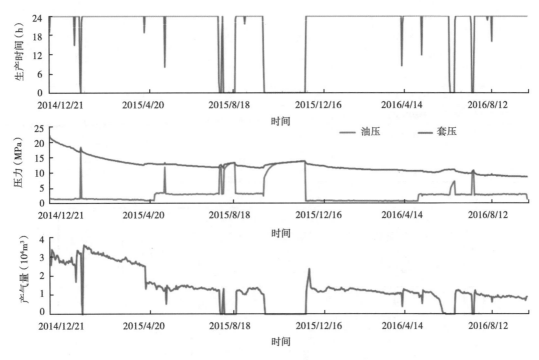

图 6-4-4　苏 75-56-32 井生产动态曲线

三、苏 75-70-29X 井气水层识别及应用效果跟踪

依据可动水饱和度和含气饱和度解释成果综合判断：苏 75-70-29X 在 3407.8~3627.2m 井段共钻遇 9 号至 28 号 12 个层段，解释气层 16.4m/6，含气层 4.2m/2，气水同层 1.7m/1，其中含气层与气水同层与传统方法气水层解释结果存在一定差异（表 6-4-3）。传统方法解释第 20 层、第 21 层、第 22 层三个层段为可疑气层，而新方法将第 20 层解释为气水同层，第 21 层、第 22 层解释为含气层，其他层段两种解释方法一致。可动水饱和度解释结果表明，第 20 层至第 22 层段可动水饱和度在 12% 左右（图 6-4-5），说明该储层开发过程中可能会产一定量的水，因此，建议避开第 20 层至第 22 层三个可能产水层段，针对第 14 层、第 16 层、第 17 层、第 19 层、第 23 层、第 27 层六个气层段，进行射孔、压裂开发，射孔与压裂时保证作业的精准性，注意避开上下水层或含气水层。

气井两年多的生产动态表明（图6-4-6），从2014年12月生产，截至2016年10月底累计产气量达到960×10⁴m³，平均日产气1.9×10⁴m³，几乎不产水，生产状态平稳，日产气量与累计产气量明显高于其他同类井，证明可动水饱和度测井解释结果合理、有效，新方法气水层识别准确率高，能够有效起到防水、控水作用，可以大大增加致密砂岩气藏的可动用储量，提高气藏采收率。

表 6-4-3　苏 75-70-29X 井新方法测井解释数据表

层号	井段 (m)	含水饱和度 (%)	可动水饱和度 (%)	解释结果	
				常规方法	新方法
9	3407.8~3413.4	78.33	20	水层	
10	3420.4~3430.3	89.7	20	水层	
14	3539.6~3541.6	38.09	1	气层	
16	3547.4~3548.7	38.74	4	气层	
17	3549.4~3554.9	38.24	0	气层	
19	3558.3~3561.2	48.56	2	气层	
20	3563.4~3565.1	66.39	12	可疑气层	气水同层
21	3566.6~3568.8	57.33	5		含气层
22	3580~3582	54.24	1	气层	
23	3582~3583.8	43.09	1	气层	
27	3602.2~3604.6	53.88	1	气层	
28	3624~3627.2	51.67	13	气水同层	

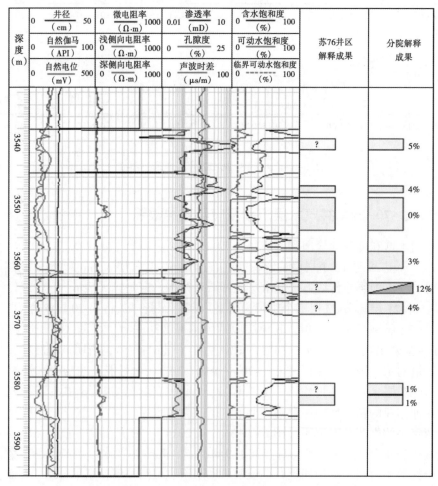

图 6-4-5　苏 75-70-29X 井可动水饱和度测井解释成果

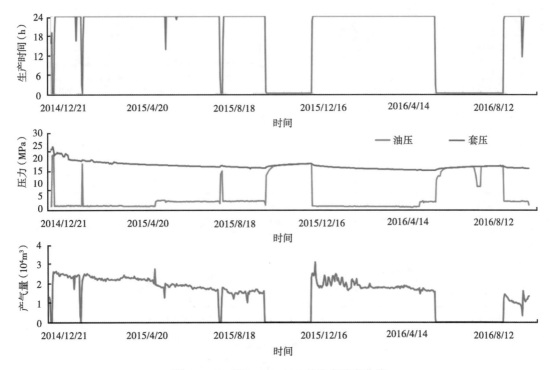

图 6-4-6　苏 75-70-29X 井生产动态曲线

四、小结

运用上述研究形成的可动水饱和度测井解释技术与气水层识别新技术，根据气水层识别新技术解释结果，指导苏 75 井区 2013 年后投产的 74 口新井的生产开发，根本开发理念就是首先开发气层，达到预防产水的目的；在气井产气速度下降到比较小（$0.5 \times 10^4 \mathrm{m}^3/\mathrm{d}$），而且达到一定的采出程度后，可以考虑开发含气层和气水层，同时做好排水采气等控水措施；含气水层原则上不要开发。这样做的主要目的就是对储层产水起到有效的防控，保证致密砂岩气藏尽量在不产水的条件下生产，达到日产气量与累计产气量的最大化，在随后的含气层与气水层开发过程中，也要提前做好排水措施，尽可能延长气藏的有效生产周期。

截至 2017 年 10 月底，上述三口典型气井防控水技术应用效果跟踪表明，气井生产状态平稳（图 6-4-7），日产气量都维持在 $1 \times 10^4 \mathrm{m}^3$ 以上，而且基本不产水，平均单井年产气量累计达到 $1300 \times 10^4 \mathrm{m}^3$，周围产水老井同比累计产气量一般小于 $1000 \times 10^4 \mathrm{m}^3$，开发效果明显优于同类生产老井。

统计防控水技术在 74 口新井的应用效果发现，新井产水井比例由 2013 年前的 39.1%大幅下降到 8.1%（图 6-4-8），同比单井产气量和累计产气量都有大幅度提升（图 6-4-9、图 6-4-10），应用效果十分显著，为苏里格和须家河致密砂岩含水气藏储量动用和产量提升提供了有效开发手段。

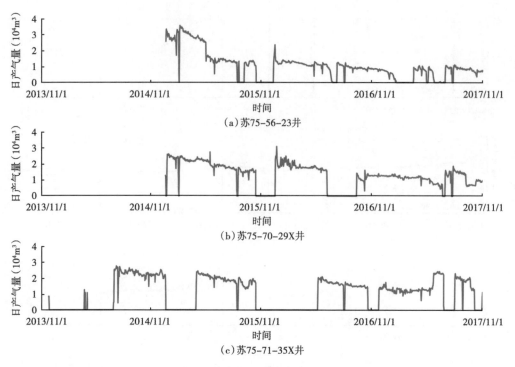

图 6-4-7　3 口典型气井防控水技术的应用效果

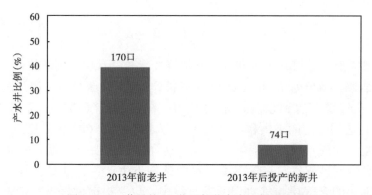

图 6-4-8　苏里格 75 井区气井产水比例对比图

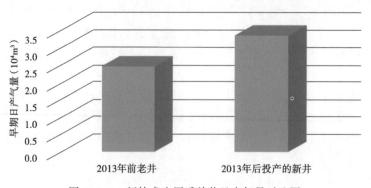

图 6-4-9　新技术应用后单井日产气量对比图

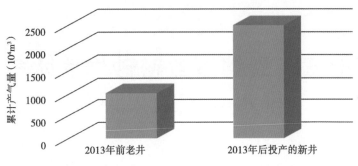

图 6-4-10　新技术应用后单井平均累计产气量对比图

参 考 文 献

［1］高树生，熊伟，钟兵，等．川中须家河组低渗砂岩气藏渗流规律及开发机理研究［M］．北京：石油工业出版社，2011.

［2］方建龙，孟德伟，何东博，等．鄂尔多斯盆地苏里格气田西区气水层识别及产水井排查［J］．天然气地球科学，2015，26（12）：2344-2351.

［3］Gao ShuSheng，Ye LiYou，Xiong Wei. Nuclear Magnetic Resonance Measurements of Original Water Saturation and Mobile Water Saturation in Low Permeability Sandstone Gas［J］. Chinese Letters，2010，27（12）：217-218.

［4］叶礼友，高树生，熊伟，等．可动水饱和度作为低渗砂岩气藏储层评价参数的论证［J］．石油天然气学报，2011，33（1）：57-59.

［5］王丽影，杨洪志，叶礼友，等．利用可动水饱和度预测川中地区须家河组气井产水特征［J］．天然气工业，2012，32（11）：47-50.

［6］杨正明，姜汉桥，周荣学，等．用核磁共振技术测量低渗含水气藏中的束缚水饱和度［J］．石油钻采工艺，2008，30（3）：56-59.

第七章 裂缝型致密砂岩底水气藏
排水采气效果评价

裂缝型致密砂岩水驱气藏在开发过程中，水体会发生弹性膨胀沿着裂缝发育区迅速进入气藏，裂缝较发育的气藏甚至会发生严重的水窜现象，造成水淹关井使得气藏采收率大幅下降[1-4]。本章以须二气藏为对象，通过室内实验模拟裂缝性气藏的排水采气效果，根据物模实验结果与气井生产的相似准则，计算并评价气井的排水采气效果，为确定裂缝型水驱气藏的合理排水规模提供理论依据。

第一节 物理模拟实验方法与相似性论证

一、物理模拟实验方法

裂缝型气藏排水采气效果评价研究的物理模拟实验流程（图7-1-1）与方法如下：

（1）建立全直径岩样束缚水饱和度并进行造缝处理；

（2）注入气体恢复至原始地层压力后关闭注气阀门，用ISCO定压驱替模拟边底水，同时打开出口阀门进行衰竭式开发；

（3）当岩心出口端的气体流量降为0时，说明模拟气井发生水淹，此时关闭岩心出口端阀门；

（4）当岩心压力回复到指定值时，再打开岩心出口端阀门，并逐步降低出口端回压，从而模拟不同排水规模条件下的采气情况。

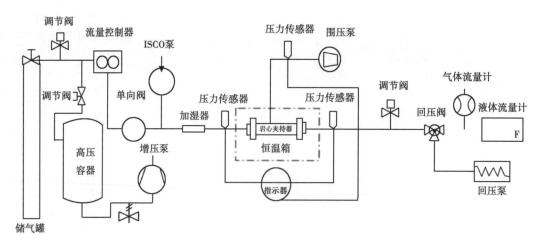

图7-1-1 裂缝性致密气藏排水采气物理模拟实验流程

二、物模实验岩心参数与气井生产参数

物理模拟实验所用全直径岩心的基础物性参数见表7-1-1，气藏工程计算所用到的矿场实际生产参数见表7-1-2。

表7-1-1 物模实验岩心基础物性参数（全直径岩心）

参数	数值
气藏压力（MPa）	42
深度	—
岩心半径（m）	0.05
渗透率（mD）	0.032
孔隙度（%）	7.54
孔隙体积（mL）	133.88
含水饱和度（%）	50.37
岩心长度（m）	0.15
物模岩心储量（mL）	20624.49

表7-1-2 矿场气井实际生产参数（平落10井）

参数（矿场条件）	数值
气藏压力（MPa）	42
深度（m）	3500
井控半径（m）	600
渗透率（mD）	0.032
孔隙度（%）	4.90
孔隙体积（$10^4 m^3$）	221.67
含水饱和度（%）	50.00
储层厚度（m）	40
单井可控储量（$10^8 m^3$）	12.397

三、相似性论证

建立全直径岩心模拟气井生产实验与气井实际生产状况的3条相似准则，以排水采气物模实验结果为基础，开展气藏工程计算：

（1）假设物模排水采气过程中采出程度提高幅度与矿场一致，通过式（7-1-1）可以计算出矿场各个阶段的累计产气量：

$$G_p = G \frac{\Delta G_{mp}}{G_m} \tag{7-1-1}$$

式中，G_p 为气井累计产气量，$10^4 m^3$；G 为气井累计产气量，$10^4 m^3$。

（2）假设物模实验阶段排水PV数与矿场一致，通过式（7-2-2）可以计算出矿场各个阶段的累计排水量：

121

$$V_{\mathrm{w}} = V_\phi \frac{V_{\mathrm{mw}}}{V_{\mathrm{m}\phi}} \tag{7-1-2}$$

式中，V_{w} 为气井排水体积，m^3；V_ϕ 为气井控制孔隙体积，m^3；V_{mw} 为模型排水体积，m^3；$V_{\mathrm{m}\phi}$ 为模型孔隙体积，m^3。

（3）假设排水过程中井底压力保持均匀下降，通过气井实际的压降速率计算每一阶段的产气时间。平落坝须二气藏 11 口井的地层压力变化如图 7-1-2 所示，平落 1 井的井口油压日下降率见表 7-1-3。

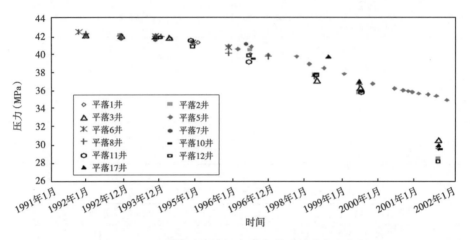

图 7-1-2　平落坝气田须二气藏各井地层压力变化图

表 7-1-3　平落坝须二气藏平落 1 井井口油压变化表

测试时间	p_{e}（MPa）	井口油压日下降率（%）
1996/7/20—1996/7/25	40.15	0.011
1998/4/15—1998/4/20	38.13	0.012
1999/7/5—1999/7/10	35.51	0.022
2001/9/17—2001/9/22	29.59	0.035
2004/7/1—2004/7/6	21.97	0.052
2005/10/15—2005/12/31	15.77	0.075

根据矿场的实际生产资料可以计算出平落坝气田须二气藏各井地层压力下降速率以及井口油压日下降率，并假设排水过程中井底的压力保持均匀下降的趋势；根据物模实验数据得到的压降速率曲线就可以计算出每一个排水采气阶段的生产时间，从而计算出实际矿场的平均日产气量和平均日排水量。

第二节　裂缝型气藏排水采气物理模拟实验

一、裂缝是致密气藏发生水侵的主要通道

须二致密砂岩气藏储层渗流能力极低，渗透率普遍小于 0.1mD，集中分布在 0.01mD 左

122

右，主流喉道半径小于1μm，边底水在储层中流动阻力巨大，如果没有裂缝影响，基本可以忽略边底水对于气藏开发的负面影响，相反在保持地层能量方面还有一定的正面效应。因此，研究致密砂岩边底水侵对于气藏开发效果的影响重点在于裂缝的发育程度。实验室设计了裂缝发育程度不同的两类岩心（裂缝发育、微裂缝发育），开展水侵对于致密砂岩气藏开发效果影响的物理模拟实验。实验结果表明，对于致密砂岩气藏，由于其基质储层的孔喉半径小、渗透率极低，裂缝不发育的致密砂岩气藏受水侵的影响程度很小（图7-2-1）；裂缝、微裂缝是水侵的主要通道，裂缝发育的致密砂岩气藏会快速发生水淹现象，导致气藏采收率大幅下降（图7-2-2）。

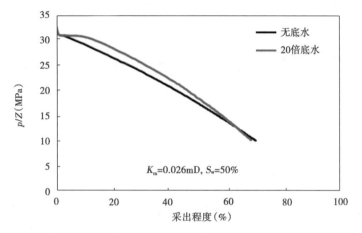

图 7-2-1　裂缝不发育全岩心模拟气藏生产采出程度

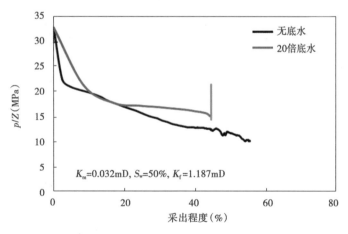

图 7-2-2　裂缝发育全岩心模拟气藏生产采出程度

二、排水采气可以大幅提高气藏的采收率

针对不同水体倍数的气藏开展水侵动态物理模拟实验。无限大水体水侵条件下排水采气物理模拟实验结果表明（图7-2-3），对于基质渗透率为0.026mD、含水饱和度为50.4%，裂缝发育的水驱模拟气藏，由于水体会沿裂缝方向迅速进入储层发生水淹，造成气藏的一次采收率仅有31.9%。然后通过降低出口回压来模拟实施气藏排水采气的过程：当出口端回

压降低 1MPa 时，模拟气藏可以排水 0.08PV，气藏采收率增加 1.6%；当出口端回压降低 2MPa 时，模拟气藏可以排水 0.1PV，气藏采收率增加 2.3%；当出口端回压降低 3MPa 时，模拟气藏的排水规模达到了 0.12PV，此时气相可以突破水相的束缚，恢复长时间连续流生产，气藏采收率大幅提高，最终采收率可以达到 49.1%，采收率提高了 17.2%，由此可见，裂缝发育的致密砂岩边底水气藏开发过程中，气井大量产水后，排水采气效果非常显著。

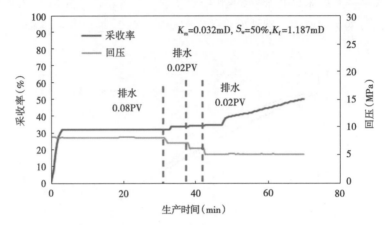

图 7-2-3　裂缝发育全岩心模拟气藏无限大水体排水采气动态

三、裂缝发育气藏排水采气效果物理模拟

裂缝发育模拟气藏（10 倍水体，S_w 为 50%，基质渗透率 K_m 为 0.032mD，裂缝后渗透率 K_f 为 1.187mD）排水采气物理模拟实验结果（图 7-2-4）说明该类气藏排水采气效果显著。10 倍水体裂缝发育水驱气藏水淹前采出程度为 55.70%，之后通过降低出口回压 1MPa、2MPa、3MPa、4MPa、5MPa、6MPa 来开展六次排水采气模拟实验，初期三次排水采气实验效果并不明显，排水量小、采气量也不多，但是随排水规模的不断增大，当井底压力降低 5MPa，累计排水量达到 0.068PV 时，气相会突破水相的束缚，恢复开发初期的连续气流生产；当井底压力降低 6MPa 时，裂缝控制区的最终采出程度达到了 65.93%，提高了 10.23%，排水采气效果比较明显。

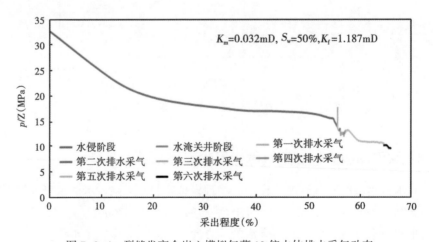

图 7-2-4　裂缝发育全岩心模拟气藏 10 倍水体排水采气动态

根据上述相似准则，将物理模拟实验得到的累计产气量（mL）、累计提高采出程度（%）、累计排水量（mL）、累计排水PV数，转换为矿场单井累计产气量（$10^4 m^3$）、矿场单井平均日产气量（$10^4 m^3$）、矿场累计排水量（$10^4 m^3$）以及矿场平均排水规模（m^3/d）。转换结果见表7-2-1。

表7-2-1　裂缝发育全岩心模拟气藏10倍水体排水采气效果

井底压力降低值		1MPa	2MPa	3MPa	4MPa	5MPa	6MPa
物模	累计产气量（mL）	8.24	39.12	107.07	265.61	1741.89	2106.33
	累计提高采出程度（%）	0.04	0.19	0.52	1.29	8.46	10.23
	累计排水量（mL）	0.14	0.83	1.94	4.71	9.42	11.50
	累计排水PV数	0.001	0.006	0.014	0.034	0.068	0.083
矿场	单井累计产气量（$10^4 m^3$）	49.59	235.54	644.64	1599.21	10487.86	12682.13
	单井平均日产气量（$10^4 m^3$）	0.07	0.18	0.32	0.60	3.15	3.17
	累计排水量（$10^4 m^3$）	0.22	1.33	3.10	7.54	15.07	18.18
	平均排水规模（m^3/d）	3.33	9.98	15.52	28.26	45.22	45.44

裂缝发育模拟气藏（20倍水体倍数，S_w为50%，基质渗透率K_m为0.032mD，裂缝后渗透率K_f为1.187mD）排水采气物理模拟实验结果表明（图7-2-5），由于水体倍数增加，裂缝发育水驱气藏水淹前采出程度降低至44.40%，之后开展六次同样的排水采气模拟实验，可以发现初期四次排水采气的效果并不明显，但随排水规模的不断增大，当井底压力降低6MPa，累计排水量达到0.246PV时，气相会突破水相的束缚，恢复连续气流生产，此时裂缝控制区的最终采出程度达到了56.51%，提高了12.11%，排水采气效果较10倍水体更好。

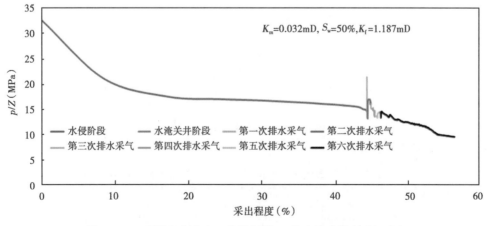

图7-2-5　裂缝发育全岩心模拟气藏20倍水体时排水采气动态

同样，由物理模拟实验结果转换为矿场单井累计产气量、矿场单井平均日产气量、矿场累计排水量、矿场平均排水规模，结果见表7-2-2。

表 7-2-2　裂缝发育全岩心模拟气藏 20 倍水体排水采气效果

	井底压力降低值	1MPa	2MPa	3MPa	4MPa	5MPa	6MPa
物模	累计产气量（mL）	10.29	51.47	140.01	358.26	842.12	2493.42
	累计提高采出程度（%）	0.05	0.25	0.68	1.74	4.09	12.11
	累计排水量（mL）	0.69	2.77	7.34	14.27	21.75	34.08
	累计排水 PV 数	0.005	0.020	0.053	0.103	0.157	0.246
矿场	单井累计产气量（10^4m³）	61.99	309.93	843.00	2157.08	5070.37	15012.77
	单井平均日产气量（10^4m³）	0.09	0.23	0.42	0.81	1.52	3.75
	累计排水量（10^4m³）	1.11	4.43	11.75	22.83	34.80	54.53
	平均排水规模（m³/d）	16.63	33.25	58.74	85.62	104.41	136.33

　　裂缝发育模拟气藏（40 倍水体，S_w 为 50%，基质渗透率 K_m 为 0.032mD，裂缝后渗透率 K_f 为 1.187mD）排水采气物理模拟实验结果表明（图 7-2-6），当水体倍数增加到 40 倍时，裂缝发育水驱气藏水淹前采出程度仅为 29.45%，水侵严重影响了气藏的开发效果，之后继续开展六次排水采气物理模拟实验，可以发现前四次排水采气效果较差，采出程度提高有限；随排水规模的不断增大，第五次排水采气（井底压力降低 5 MPa 时）开始产生比较明显的效果；当井底压力降低 6MPa，累计排水量达到 0.509PV 时，气相会突破水相的束缚，恢复连续气流生产，裂缝控制区的最终采出程度达到了 45.34%，提高了 15.89%，排水采气效果较 10 倍、20 倍水体更加显著。

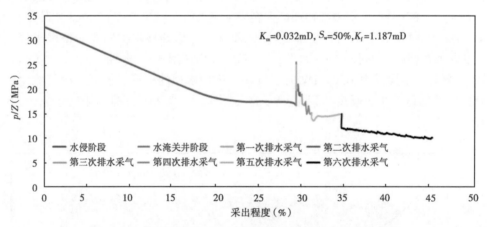

图 7-2-6　裂缝发育全岩心模拟气藏 40 倍水体排水采气动态

　　同样，由物理模拟实验结果转换为矿场单井累计产气量、矿场单井平均日产气量、矿场累计排水量、矿场平均排水规模，结果见表 7-2-3。

表 7-2-3　裂缝发育模拟气藏 40 倍水体排水采气效果

	井底压力降低值	1MPa	2MPa	3MPa	4MPa	5MPa	6MPa
物模	累计产气量（mL）	20.59	105.01	304.73	650.64	1377.45	3471.71
	累计提高采出程度（%）	0.10	0.51	1.48	3.16	6.69	15.89
	累计排水量（mL）	1.39	5.82	11.78	20.78	34.78	70.52
	累计排水 PV 数	0.010	0.042	0.085	0.150	0.251	0.509

井底压力降低值		1MPa	2MPa	3MPa	4MPa	5MPa	6MPa
矿场	单井累计产气量（$10^4 m^3$）	123.97	632.25	1834.76	3917.45	8293.59	19698.83
	单井平均日产气量（$10^4 m^3$）	0.19	0.47	0.92	1.47	2.49	4.92
	累计排水量（$10^4 m^3$）	2.22	9.31	18.84	33.25	55.64	112.83
	平均排水规模（m^3/d）	33.25	69.83	94.21	124.69	166.92	282.08

四、微裂缝发育气藏排水采气效果物理模拟

对比裂缝发育渗透率较高的模拟气藏，开展微裂缝发育渗透率较低的模拟气藏（10 倍水体倍数，S_w 为 50%，基质渗透率 K_m 为 0.032mD，裂缝后渗透率 K_f 为 0.100mD）排水采气物理模拟实验，结果表明（图 7-2-7），10 倍水体微裂缝发育水驱气藏水淹前采出程度为 43.23%，较裂缝发育气藏降低了 13.47%，同样通过降低出口回压 1MPa、2MPa、3MPa、4MPa、5MPa、6MPa 来开展六次排水采气模拟实验，模拟气藏初期两次排水采气实验效果不明显，排水量较小、采气量也不多；但是随排水规模的不断增大，在第三次排水采气时就开始产生效果；到第四次排水采气时，即井底压力降低 4MPa，累计排水量达到 0.011PV 时，气相会突破水相的束缚，恢复连续气流生产；当井底压力降低 6MPa 时，裂缝控制区的最终采出程度达到了 55.75%，提高了 12.52%，排水采气效果较同样生产条件下的裂缝发育气藏显著。

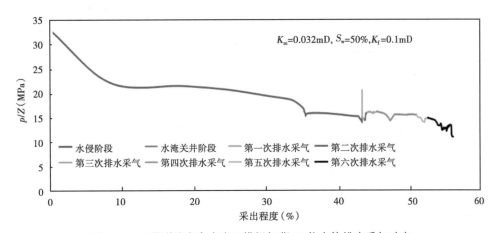

图 7-2-7　微裂缝发育全岩心模拟气藏 10 倍水体排水采气动态

同样，由物理模拟实验结果转换为矿场单井累计产气量、矿场单井平均日产气量、矿场累计排水量、矿场平均排水规模，结果见表 7-2-4。

表 7-2-4　微裂缝发育全岩心模拟气藏 10 倍水体排水采气效果

井底压力降低值		1MPa	2MPa	3MPa	4MPa	5MPa	6MPa
物模	累计产气量（mL）	4.12	57.65	343.85	891.54	1842.78	2577.84
	累计提高采出程度（%）	0.02	0.28	1.67	4.33	8.95	12.52
	累计排水量（mL）	0.14	0.42	1.52	4.02	6.65	9.01
	累计排水 PV 数	0.001	0.003	0.011	0.029	0.048	0.065

	井底压力降低值	1MPa	2MPa	3MPa	4MPa	5MPa	6MPa
矿场	单井累计产气量（$10^4 m^3$）	24.79	347.12	2070.30	5367.90	11095.32	15521.04
	单井平均日产气量（$10^4 m^3$）	0.04	0.26	1.04	2.01	3.33	3.88
	累计排水量（$10^4 m^3$）	0.22	0.67	2.44	6.43	10.64	14.41
	平均排水规模（m^3/d）	3.33	4.99	12.19	24.11	31.92	36.02

微裂缝发育模拟气藏（20 倍水体倍数，S_w 为 50%，基质渗透率 K_m 为 0.032mD，裂缝后渗透率 K_f 为 0.100mD）排水采气物理模拟实验结果表明（图 7-2-8），20 倍水体微裂缝性水驱气藏水淹前采出程度为 39.40%，较 10 倍水体气藏降低了 2.83%，说明水体倍数越大，水侵对于气藏的开发效果影响也就越大。之后同样开展六次排水采气模拟实验，模拟气藏初期三次排水采气实验效果不太明显；但是随排水规模的不断增大，在第四次排水采气时就开始产生比较明显的效果；到第五次随排水规模的不断增大，当井底压力降低 5MPa，累计排水量达到 0.077PV 时，气相会突破水相的束缚，恢复连续气流生产；当井底压力降低6MPa 时，裂缝控制区的最终采出程度达到了 52.70%，提高了 13.30%，排水采气效果较 10倍水体更好。

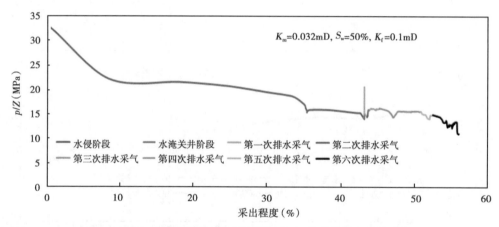

图 7-2-8　微裂缝发育全岩心模拟气藏 20 倍水体排水采气动态

同样，由物理模拟实验结果转换为矿场单井累计产气量、矿场单井平均日产气量、矿场累计排水量、矿场平均排水规模，结果见表 7-2-5。

表 7-2-5　微裂缝发育全岩心模拟气藏 20 倍水体排水采气效果

	井底压力降低值	1MPa	2MPa	3MPa	4MPa	5MPa	6MPa
物模	累计产气量（mL）	10.29	76.18	222.37	533.27	1772.78	2614.90
	累计提高采出程度（%）	0.05	0.37	1.08	2.59	8.61	12.70
	累计排水量（mL）	0.28	0.83	2.36	5.40	10.67	13.30
	累计排水 PV 数	0.002	0.006	0.017	0.039	0.077	0.096

	井底压力降低值	1MPa	2MPa	3MPa	4MPa	5MPa	6MPa
矿场	单井累计产气量（10^4m^3）	61.99	458.69	1338.88	3210.82	10673.82	15744.19
	单井平均日产气量（10^4m^3）	0.09	0.34	0.67	1.20	3.20	3.94
	累计排水量（10^4m^3）	0.44	1.33	3.77	8.65	17.07	21.28
	平均排水规模（m^3/d）	6.65	9.98	18.84	32.42	51.21	53.20

微裂缝发育模拟气藏（40倍水体倍数，S_w 为50%，基质渗透率 K_m 为0.032mD，裂缝后渗透率 K_f 为0.100mD）排水采气物理模拟实验结果表明（图7-2-9），40倍水体微裂缝水驱气藏水淹前采出程度只有30.42%，较20倍水体又低了10%，说明水体倍数越大，水侵对开发效果的影响越严重。之后开展同样的六次排水采气模拟实验，可以看到，由于水侵影响严重，模拟气藏初期四次排水采气实验效果都不明显；但是随排水规模的不断增大，在第五次排水采气时就产生了较好的效果；当井底压力降低6MPa，累计排水量达到0.266PV时，气相会突破水相的束缚，恢复连续气流生产，此时裂缝控制区的最终采出程度达到了45.06%，提高了14.64%，排水采气效果较低水体倍数气藏更加显著。

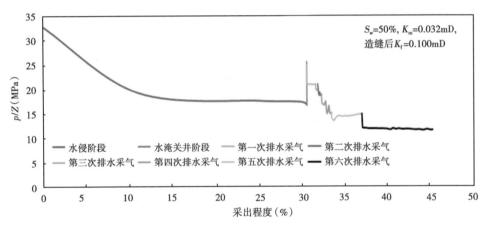

图7-2-9 微裂缝发育全岩心模拟气藏40倍水体排水采气动态

同样，由物理模拟实验结果转换为矿场单井累计产气量、矿场单井平均日产气量、矿场累计排水量、矿场平均排水规模，结果见表7-2-6。

表7-2-6 微裂缝发育全岩心模拟气藏40倍水体排水采气效果

	井底压力降低值	1MPa	2MPa	3MPa	4MPa	5MPa	6MPa
物模	累计产气量（mL）	14.41	102.95	282.08	605.34	1142.73	3014.34
	累计提高采出程度（%）	0.07	0.50	1.37	2.94	5.55	14.64
	累计排水量（mL）	0.69	2.63	5.82	10.53	18.84	36.85
	累计排水PV数	0.005	0.019	0.042	0.076	0.136	0.266
矿场	单井累计产气量（10^4m^3）	86.78	619.85	1698.39	3644.72	6880.34	18149.21
	单井平均日产气量（10^4m^3）	0.13	0.46	0.85	1.37	2.06	4.54
	累计排水量（10^4m^3）	1.11	4.21	9.31	16.85	30.15	58.96
	平均排水规模（m^3/d）	16.63	31.59	46.55	63.18	90.44	147.41

第三节　排水采气效果评价图版

分析总结须二裂缝型边底水气藏排水采气物理模拟实验结果与根据相似准则计算的气井排水采气效果，建立裂缝性致密砂岩气藏排水采气效果评价图版，指导裂缝性水驱气藏有效开发。

一、裂缝发育气藏排水采气效果评价图版

裂缝发育气藏 10 倍、20 倍、40 倍水体时对应的排水采气效果评价图版表明（图 7-3-1 至图 7-3-3），单井日产气量与排水规模呈幂函数关系，当水体倍水为 10 时，单井日产气量 Q_g 与排水规模 Q_w 的函数关系式为 $Q_g = 0.0086Q_w^{1.4424}$；当水体倍水为 20 时，单井日产气量 Q_g 与排水规模 Q_w 的函数关系式为 $Q_g = 0.0007Q_w^{1.6559}$；当水体倍水为 40 时，单井日产气量 Q_g 与排水规模 Q_w 的函数关系式为 $Q_g = 0.007Q_w^{1.5777}$。以 40 倍水体倍数为例，当排水规模分别达到 50m³/d、100m³/d、150m³/d、200m³/d、250m³/d、300m³/d 时，所对应的单井日产气量分别为 $0.34 \times 10^4 m^3$、$1.00 \times 10^4 m^3$、$1.90 \times 10^4 m^3$、$2.99 \times 10^4 m^3$、$4.25 \times 10^4 m^3$、$5.67 \times 10^4 m^3$，可见水体倍数越大，达到一定的产气量，需要的排水规模越大；当日产气量 $1.00 \times 10^4 m^3$ 时，10 倍、20 倍、40 倍水体对应的排水量分别约为 28m³、80m³、100m³，随之带来的排水生产压力也越大。

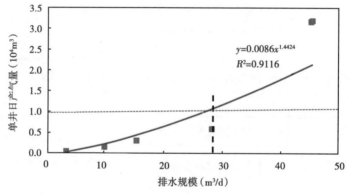

图 7-3-1　裂缝发育气藏 10 倍水体时的排水采气评价图版

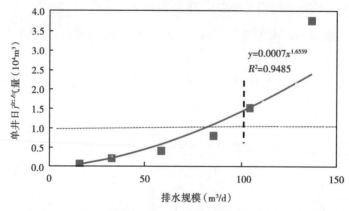

图 7-3-2　裂缝发育气藏 20 倍水体时的排水采气评价图版

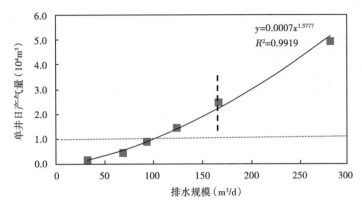

图 7-3-3　裂缝发育气藏 40 倍水体时的排水采气评价图版

　　图 7-3-4 是裂缝发育气藏在不同水体倍数时，排水规模与对应的日产气量综合图版，可以对比分析不同水体倍数裂缝发育气藏对应的排水采气开发效果。总的来看，水体倍数越小，同样产气量的要求下排水规模越小。如果已知水体倍数，根据产量要求，可以确定合理的排水规模；同时根据气井日产气量与实际排水规模在图上的交会点位置，也可以有效判断裂缝发育致密砂岩气藏的水体倍数[5,6]。

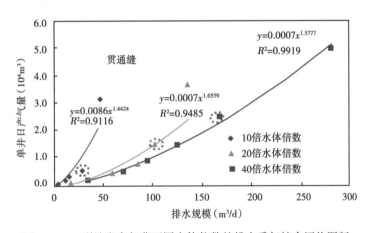

图 7-3-4　裂缝发育气藏不同水体倍数的排水采气综合评价图版

二、微裂缝发育气藏排水采气评价图版

　　微裂缝发育气藏 10 倍、20 倍、40 倍水体时对应的排水采气效果评价图版表明（图 7-3-5 至图 7-3-7），单井日产气量与排水规模也呈幂函数关系，对于微裂缝发育气藏，当水体倍水为 10 时，单井日产气量 Q_g 与排水规模 Q_w 的函数关系式为 $Q_g = 0.0094 Q_w^{1.7197}$，当排水规模分别达到 $5m^3/d$、$10m^3/d$、$20m^3/d$、$30m^3/d$、$40m^3/d$ 时，所对应的单井日产气量分别为 $0.15 \times 10^4 m^3$、$0.49 \times 10^4 m^3$、$1.62 \times 10^4 m^3$、$3.26 \times 10^4 m^3$、$5.35 \times 10^4 m^3$；当水体倍水为 20 时，单井日产气量 Q_g 与排水规模 Q_w 的函数关系式为 $Q_g = 0.0054 Q_w^{1.6259}$，当排水规模分别达到 $10m^3/d$、$20m^3/d$、$30m^3/d$、$40m^3/d$、$50m^3/d$、$60m^3/d$ 时，所对应的单井日产气量分别为 $0.23 \times 10^4 m^3$、$0.70 \times 10^4 m^3$、$1.36 \times 10^4 m^3$、$2.17 \times 10^4 m^3$、$3.12 \times 10^4 m^3$、$4.20 \times 10^4 m^3$；当水体

倍水为 40 时，单井日产气量 Q_g 与排水规模 Q_w 的函数关系式为 $Q_g = 0.0017Q_w^{1.5959}$，当排水规模分别达到 20m³/d、40m³/d、60m³/d、80m³/d、100m³/d、120m³/d、140m³/d 时，所对应的单井日产气量分别为 $0.20 \times 10^4 m^3$、$0.61 \times 10^4 m^3$、$1.17 \times 10^4 m^3$、$1.85 \times 10^4 m^3$、$2.64 \times 10^4 m^3$、$3.54 \times 10^4 m^3$、$4.52 \times 10^4 m^3$。由此可见，随着水体倍数增加，排水规模越来越大，而对应的产气量却越来气越小；要达到相同的产气量，需要的排水规模就要明显增加，当日产气量 $1.00 \times 10^4 m^3$ 时，10 倍、20 倍、40 倍水体对应的排水量分别约为 15m³/d、25m³/d、55m³/d，明显小于裂缝发育气藏，随之带来的排水生产压力也比较。

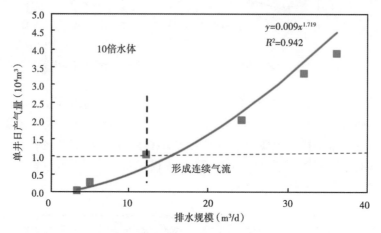

图 7-3-5　微裂缝发育气藏 10 倍水体时的排水采气评价图版

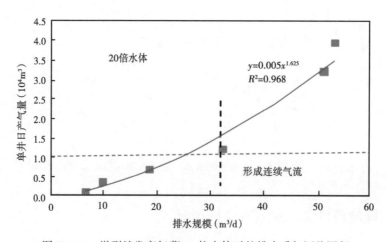

图 7-3-6　微裂缝发育气藏 20 倍水体时的排水采气评价图版

图 7-3-8 是微缝发育气藏在不同水体倍数时，排水规模与对应的日产气量综合图版，可以对比分析不同水体倍数微裂缝发育气藏对应的排水采气开发效果。总的来看，排水采气规模明显小于裂缝发育气藏；水体倍数越小，同样产量的要求下排水规模越小，而且较裂缝发育气藏的排水规模更小。同样，如果已知水体倍数，根据产量要求，可以确定合理的排水规模；根据气井日产气量与实际排水规模在图上的交会点位置，也可以有效判断微裂缝发育致密砂岩气藏的边底水体倍数。

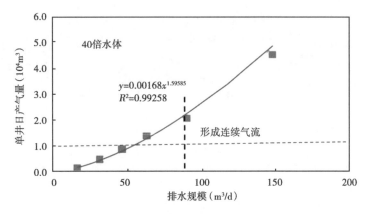

图 7-3-7　微裂缝发育气藏 40 倍水体时的排水采气评价图版

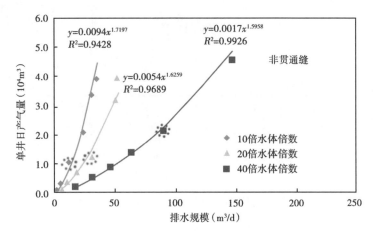

图 7-3-8　微裂缝发育气藏不同水体倍数的排水采气综合评价图版

三、裂缝气藏排水采气评价图版矿场应用

为了验证裂缝发育气藏排水采气评价图版应用的合理性，选取裂缝发育的致密砂岩边底水气藏平落 10 井生产、平落 20 井排水的实际矿场生产数据进行历史拟合。首先选取平落 20 井的实际排水数据约为 110m³/d，在裂缝/微裂缝发育气藏的排水采气评价图版上（图 7-3-4 和图 7-3-8）查找此排水规模下的单井理论日产气量，然后将结果与平落 10 井的实际矿场生产数据进行比对，选取拟合度最高的结果，根据综合评价图版即可评价气藏裂缝发育情况以及水体倍数等特征最为接近实际气藏的储、产特征（图 7-3-9）。

分析多次拟合结果，得出平落 10 井生产、平落 20 井排水的实际矿场排水采气评价图版应用情况：微裂缝发育气藏 40 倍水体排水采气评价图版应用效果最好，气藏工程拟合计算的精准度最高，平落 10 井控制区域应该具有较高的水体倍数。将计算预测结果与平落 10 井的矿场实际生产数据进行对比分析表明，排水采气图版可以有效地通过现有的排水规模计算出对应的气井日产气量，从而优选出最适合该气藏的排水规模，为裂缝性水驱气藏的合理开发提供理论依据。

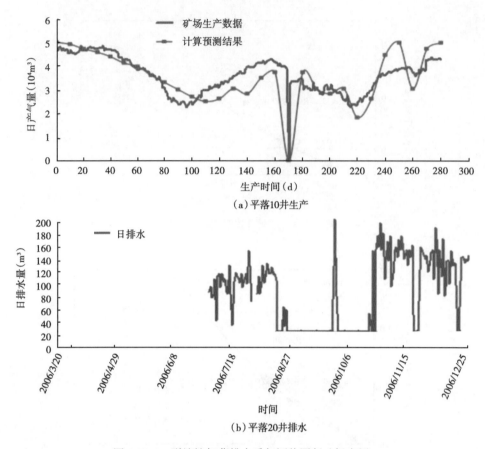

图 7-3-9　裂缝性气藏排水采气评价图版矿场应用

参 考 文 献

［1］张伦友．提高水驱气藏采收率新途径—早期治水法［J］.天然气勘探与开发，1998，21（3）：13-18.

［2］孙志道．裂缝性有水气藏开采特征和开发方式优选［J］.石油勘探与开发，2002，29（4）：69-71.

［3］夏崇双．不同类型有水气藏提高采收率的途径和方法［J］.天然气工业，2002，22（增）：73-77.

［4］张裂辉，贺伟．裂缝性底水气藏单井水侵模型［J］.天然气工业，1994，14（6）：48-52.

［5］冯异勇．裂缝性底水气藏气井水侵动态研究［J］.天然气工业，1998，18（3）：40-44.

［6］匡建超，史乃光，杨正文．水驱气藏排水采气动态规律预测［J］.天然气工业，1992，12（4）：64-68.

第八章　致密砂岩气藏井网密度优化方法

第一节　致密砂岩气藏井间干扰概率统计

低渗透致密砂岩气藏储层流体流动性差，单井动态控制面积相对较小（图8-1-1、图8-1-2），国内低渗透致密砂岩气藏单井动态控制面积一般介于 0.05 ~ 5km²，中值为 0.7km²，平均值为 1.4km²；苏里格气田中值为 0.2km²，平均值为 0.3km²，单井动态控制范围远不及常规中渗透、高渗透气藏，相邻气井之间干扰概率也比较小[1]，尤其当最初井网条件下 [井距 1200m 左右，井控面积（地质）1.44km² 左右]，单井动态控制面积小于当前井网条件下的井控面积，相邻气井之间干扰概率几乎为零。

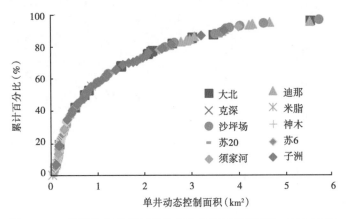

图 8-1-1　低渗致密砂岩气藏单井动态控制面积统计（183 口井）

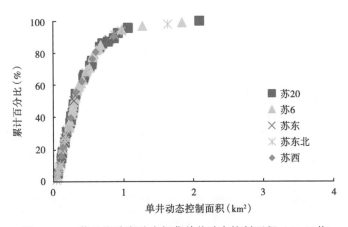

图 8-1-2　苏里格致密砂岩气藏单井动态控制面积（93 口井）

考虑到低渗透致密砂岩气藏一次采收率普遍偏低，后期为提高气藏采收率通常采取井网加密措施，使得井控面积（井距）变小，甚至小于或等于单井动态控制面积，相邻井之间开始发生干扰。因此，可根据早期稀井网密度下单井动态控制面积来确定特定井网密度下低渗透致密砂岩气藏的井间干扰概率。

假定研究区域面积为 A，井网密度为 S，总井数为 N，单井动态控制面积小于井控面积（地质）$1/S$ 为 n，即这 n 口井动态控制面积小于井控面积，井间不存在干扰，其余井间存在干扰，对应的井间干扰概率：

$$F(S) = 1 - \frac{n}{N} \tag{8-1-1}$$

苏里格低渗透致密砂岩气藏井间干扰概率图版结果表明（图 8-1-3），井网密度越大，井间干扰概率越大；一次井网密度 1 口/km² 时，气井之间基本没有干扰，井网密度 2.0 口/km² 时井间干扰概率也只有 10%，干扰概率低，有加密空间；井网密度 5.2 口/km² 时干扰概率才达 50%，继续加密井间干扰概率增大。国内其他低渗透致密气藏井间干扰概率图版（图 8-1-4）也表现出相同的规律，不同之处在于相同井网密度下井间干扰概率较苏里格区域大，井网密度 1.3 口/km² 时干扰概率就达 50%，说明国内其他区块低渗透气藏气井间更容易发生干扰。

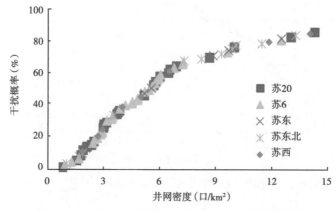

图 8-1-3　苏里格低渗透致密气藏井间干扰概率图版

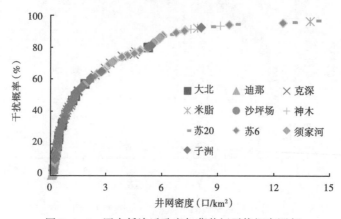

图 8-1-4　国内低渗透致密气藏井间干扰概率图版

图 8-1-5 为苏里格气田不同区块单井动态控制面积与井间干扰概率图版，图 8-1-6 为苏里格西部苏 75 井区各气站单井动态控制面积与井间干扰概率图版，对比结果表明，同一气田不同区块甚至同一区块不同区域单井动态控制能力和井间干扰概率差异较大，这是由于低渗透致密砂岩气藏储层非均质性强，不同区块储层物性差异大，导致单井动态控制能力与井间干扰概率差异大，物性好的区块，单井动态控制能力强，井间干扰概率大，如子洲气田平均单井动态控制面积 1.4km²，井网密度 2 口/km²，井间干扰概率达 80%；反之，单井动态控制能力差，井间干扰概率小，如苏 6 井区平均单井动态控制面积 0.3km²，井网密度 2 口/km² 时井间干扰概率不足 10%。因此，应该根据具体气藏早期稀疏井网条件下气井生产动态，建立相应的单井动态控制面积与井间干扰概率图版，再依据井间干扰概率图版确定不同井网密度下井间干扰概率和合理井网密度。苏 75 井区也出现类似现象，1 号气站所辖区域储层物性好，单井动态控制面积大，井间干扰概率大；2 号气站和 4 号气站所辖区域储层物性差，单井动态控制面积小，井间干扰概率小。

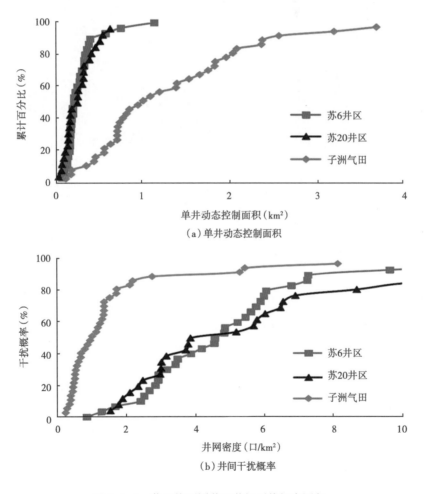

（a）单井动态控制面积

（b）井间干扰概率

图 8-1-5　苏里格不同井区井间干扰概率图版

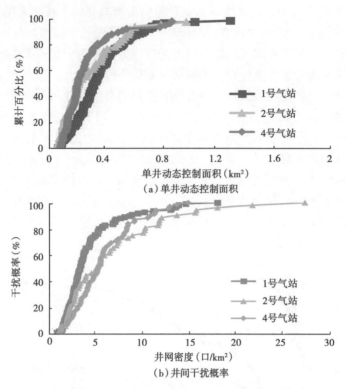

（a）单井动态控制面积

（b）井间干扰概率

图 8-1-6　苏 75 井区各气站井间干扰概率图版

第二节　基于井间干扰概率的气藏开发指标计算方法

考虑均质气藏，气藏面积为 A，以规则井网布井，井网密度为 S，相应的总井数 N：

$$N = AS \qquad (8\text{-}2\text{-}1)$$

式中，N 为总井数，口；A 为气藏面积，km^2；S 为井网密度，口/km^2。

根据井间干扰概率图版，单井动态控制面积 a_1 等于或大于井控面积 $1/S$ 的概率为

$$P\left(a_1 \geqslant \frac{1}{S}\right) = F(S) \qquad (8\text{-}2\text{-}2)$$

式中，F 为累计密度函数；P 为概率。

相应的井数和产气量：

$$n\left(a_1 \geqslant \frac{1}{S}\right) = NF(S) \qquad (8\text{-}2\text{-}3)$$

$$G_p\left(a_1 \geqslant \frac{1}{S}\right) = NF(S)\beta \frac{B}{S} \qquad (8\text{-}2\text{-}4)$$

式中，β 为可采气量与动态控制储量比值，也称为衰竭效率，对于苏里格气藏该值在 0.6 左右；B 为储量丰度，$10^8 m^3/km^2$，苏里格气藏该值在 1~3，表达式如下：

138

$$B = \frac{\phi h (1 - S_{\mathrm{w}})}{B_{\mathrm{gi}}}$$

同理，单井动态控制面积小于井控面积 $1/S$ 的概率为

$$P\left(a_1 \leqslant \frac{1}{s}\right) = 1 - F(s) \qquad \frac{1}{s} \leqslant \frac{1}{S} \qquad (8\text{-}2\text{-}5)$$

式中，s 为任意 S 的井网密度，口/km^2。

相应的井数与产气量：

$$n\left(a_1 \leqslant \frac{1}{s}\right) = N(1 - F(s)) \qquad (8\text{-}2\text{-}6)$$

$$G_{\mathrm{p}}\left(a_1 \leqslant \frac{1}{s}\right) = NB\beta \int_S^{S_{\max}} \frac{1}{s} \frac{\partial F}{\partial s} \mathrm{d}s \qquad (8\text{-}2\text{-}7)$$

式中，$S_{\max}$ 为极限井网密度，口/km^2。

因此，该气藏累计产气量：

$$G_{\mathrm{p}} = NB\beta \int_S^{S_{\max}} \frac{1}{s} \frac{\partial F}{\partial s} \mathrm{d}s G + NF(S)\beta \frac{B}{S} \qquad (8\text{-}2\text{-}8)$$

相应的采收率：

$$\eta = \frac{NB\beta \displaystyle\int_S^{S_{\max}} \frac{1}{s} \frac{\partial F}{\partial s} \mathrm{d}s G + NF(S)\beta \dfrac{B}{S}}{AB} \qquad (8\text{-}2\text{-}9)$$

式（8-2-9）整理得

$$\eta = S\beta \int_S^{S_{\max}} \frac{1}{s} \frac{\partial F}{\partial s} \mathrm{d}s G + F(S)\beta \qquad (8\text{-}2\text{-}10)$$

式（8-2-8）除以井数 N，得井网密度 S 时单井平均产量：

$$Q_1 = B\beta \int_S^{S_{\max}} \frac{1}{s} \frac{\partial F}{\partial s} \mathrm{d}s G + F(S)\beta \frac{B}{S} \qquad (8\text{-}2\text{-}11)$$

因此，经济极限井网密度 S_1 时对应单井平均产量等于经济极限产量，即

$$B\beta \int_S^{S_{\max}} \frac{1}{s} \frac{\partial F}{\partial s} \mathrm{d}s G + F(S_1)\beta \frac{B}{S_1} = Q_{\mathrm{J}} \qquad (8\text{-}2\text{-}12)$$

式中，Q_{J} 为单井经济极限产量。

同理，式（8-2-8）对井数 N 求导，可得每增加 1 口井累计产气量的增加值，即经济学上的单井边际产量 Q_2：

$$Q_2 = \frac{\partial G_{\mathrm{P}}}{\partial N} \qquad (8\text{-}2\text{-}13)$$

根据经济学原理，经济最佳井网密度应满足单井边际产量 Q_2，等于经济极限产量 Q_J，即

$$\left. \frac{\partial G_P}{\partial N} \right|_{S=S_{opt}} = Q_J \qquad (8-2-14)$$

因此，可根据式（8-2-12）和式（8-2-14）计算确定致密砂岩气藏经济井网密度，然后再根据式（8-2-10）计算确定气藏经济采收率。

第三节　致密砂岩气藏合理井网密度影响因素分析

根据上述基于井间干扰概率的气藏开发指标计算方法，可知影响致密砂岩气藏经济井网密度与采收率的主要影响因素：储量丰度 $B^{[2]}$、经济极限产量 Q_J、井间干扰概率 F 和衰竭效率 β。另外，从提高资源利用率角度来讲，气藏开发还需保证一定的储量动用程度。下面就这 5 个参数如何影响气藏经济井网密度与采收率进行分析论证。其中，计算基础参数：储量丰度 $1.2 \times 10^8 m^3/km^2$，衰竭效率 60%，单井经济极限产气量 $1350 \times 10^4 m^3$，井间干扰概率采用苏里格各区块统计的井网干扰概率图版（图 8-3-1）。

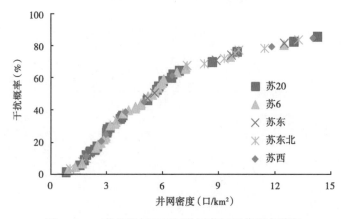

图 8-3-1　苏里格气田不同井区井间干扰概率图版

一、储量丰度

基于井间干扰概率的气藏开发指标计算方法，计算气藏不同储量丰度时单井平均产量、边际产量和气藏采收率（图 8-3-2 至图 8-3-4），结果表明，井网密度小于 1 时，井间还没产生干扰或干扰概率极低，单井产气能力主要取决于储量丰度，单井平均产量与边际产量随井网密度变化不大，气藏采收率与井网密度呈线性关系；而井网密度大于 1 时，井间开始产生干扰，继续加密，采收率会有所增加，但单井平均产量与边际产量都在下降，尤其单井边际产量快速下降，甚至低于经济极限产量，特别是储量丰度较低时，单井平均及边际产量很快降到经济极限产量以下，面临经济效益开发的难题，因此从经济角度出发，气藏储量丰度越大，越有利于井网加密提高采收率。美国 Jonah 致密砂岩气田（表 8-3-1）的加密开发过程很好的说明了这一问题。

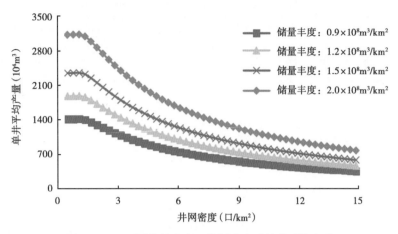

图 8-3-2 不同储量丰度、井网密度时单井平均产量

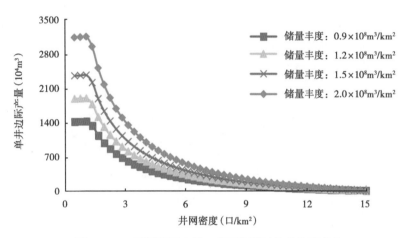

图 8-3-3 不同储量丰度、井网密度时单井边际产量

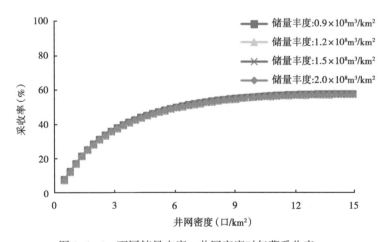

图 8-3-4 不同储量丰度、井网密度时气藏采收率

表 8-3-1   Jonah 气藏预计开发情况

调整时间（年）	井网密度（km²/井）	预计采收率（%）
1993	开始开发	—
1998	0.32	16
2000	0.16	30
2003	0.08	50
2006	0.04	67
2008	0.02	77

根据苏里格气藏经济指标与不同储量丰度、井网密度时单井平均产量、单井边际产量及气藏采收率（图 8-3-2 至图 8-3-4）可确定不同储量丰度时经济井网密度与采收率关系（图 8-3-5、图 8-3-6），可以看出：致密砂岩气藏经济井网密度与储量丰度基本呈线性关系，储量丰度越大，经济井网密度越大，经济采收率随储量丰度增加先增加后趋于平衡。储量丰度介于 $0.6×10^8~3.0×10^8 m^3/km^2$ 时，对应的经济极限井网密度为 1.2~12.7 口/km²，采收率 17.7%~57.3%，经济最佳井网密度 1.2~4.1 口/km²，采收率 17.7%~43.2%。由此可见，储量丰度对经济井网密度与采收率影响很大，气藏储量丰度越大，经济井网密度越大，采收率越高。

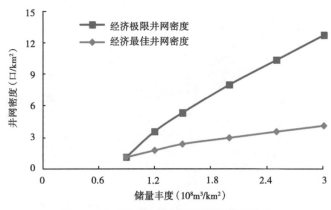

图 8-3-5   不同储量丰度时经济井网密度

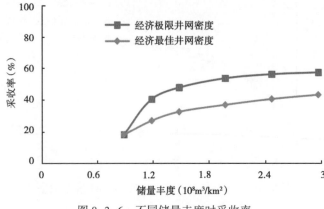

图 8-3-6   不同储量丰度时采收率

美国的 Rulison 气田是储层厚度大、储量丰度高（$14.7 \times 10^8 m^3/km^2$）的致密砂岩气藏成功开发的典范，井网密度由最初的 1.54 口$/km^2$，二次加密至 12.5 口$/km^2$；采收率由6%增加到44%，大大改善了开发效果。

随着开发技术发展与市场天然气价格的变化，单井经济极限产量也不是一个固定值，其中技术发展与天然气价格上涨，单井经济极限产量下降；天然气价格下降，单井经济极限产量上升，根据当前技术与外部经济条件测算，苏里格致密砂岩气藏单井经济极限产量介于 $800 \times 10^4 \sim 1700 \times 10^4 m^3$。不同经济条件下的经济井网密度和经济采收率（图8-3-7、图8-3-8）数据表明，单井经济极限产量越低，经济井网密度越大，经济采收率越高，对致密砂岩气藏加密提高采收率越有利；经济极限产量介于 $800 \times 10^4 \sim 1700 \times 10^4 m^3$ 时，对应的经济最佳井网密度为 $3.0 \sim 1.35$ 口$/km^2$，采收率37%～21%；经济极限井网密度 $7.9 \sim 1.85$ 口$/km^2$，采收率54%～27%，经济极限产量对经济井网密度和采收率影响大，降低单井经济极限产量有利于提高致密砂岩气藏采收率。

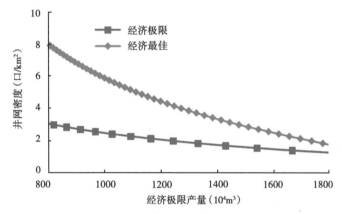

图 8-3-7　不同经济产量条件下经济井网密度

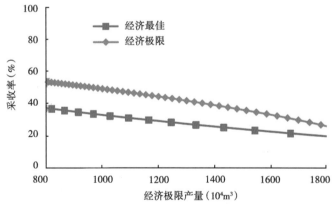

图 8-3-8　不同经济产量条件下经济采收率

二、井间干扰概率（单井动态控制能力）

根据井间干扰概率与单井动态控制面积关系可知，井网密度一定时，井间干扰概率由单井动态控制能力（面积）决定。考虑不同井间干扰概率曲线（图8-3-9），平均单井动态控制面积越大，单井动态控制能力越强，井间干扰概率曲线越陡，井间干扰概率越大。致密砂岩气藏开发指标（图 8-3-10 至图 8-3-12）数据表明，单井动态控制能力越强（面积越大），单井平均产量及气藏采收率越高，尤其在井网密度（井间干扰概率）较小时，单井平均产量及气藏采收率主要取决于单井动态控制能力（面积）；当井网密度达到一定临界值

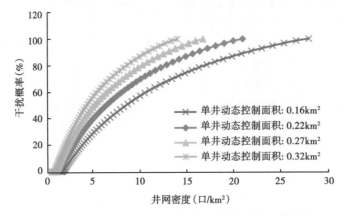

图 8-3-9　不同单井控制面积、井网密度的井间干扰概率

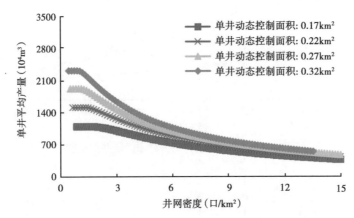

图 8-3-10　不同单井动态控制面积、井网密度的单井平均产量

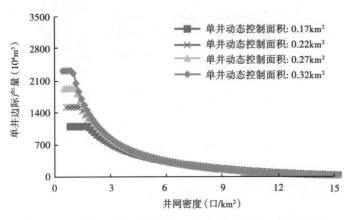

图 8-3-11　不同单井动态控制面积、井网密度的单井边际产量

144

时，随着井网密度增加，单井平均及边际产量均会下降，采收率增加幅度越来越小，直至趋于平缓，尤其是单井动态控制能力较强的气藏，临界井网密度小，达到临界井网密度后继续加密，单井平均及边际产量快速下降。

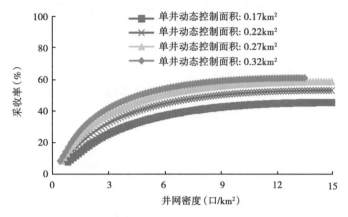

图 8-3-12　不同单井动态控制面积、井网密度的采收率

根据苏里格气藏经济指标与气藏开发指标确定经济井网密度与采收率（图 8-3-13、图8-3-14），结果表明，在经济井网密度方面，单井动态控制能力对经济极限井网密度的影响

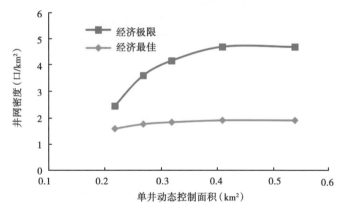

图 8-3-13　不同单井动态控制面积对应的经济井网密度

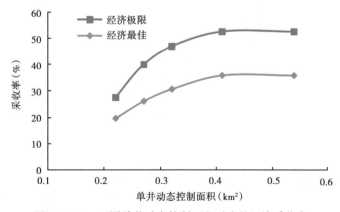

图 8-3-14　不同单井动态控制面积对应的经济采收率

更大,单井动态控制能力越强,经济井网密度越大,尤其是经济极限井网密度,单井平均动态控制面积 0.22~0.54km² 时,经济极限井网密度 2.4~4.7 口/km²,相差 1 倍,而经济最佳井网密度 1.6~1.9 口/km²;在经济采收率方面,单井动态控制能力越强,经济采收率越大,单井平均动态控制面积 0.22~0.54km² 时,经济极限采收率 28%~53%,经济最佳采收率 20%~36%,经济采收率基本增加 1 倍,单井动态控制能力对致密砂岩气藏采收率影响显著。

三、衰竭效率

苏里格致密砂岩气藏开发实践表明,通过采取积极的排水采气和井口增压等工艺措施,可有效提高衰竭效率 β,井口压力每降低 1MPa,衰竭效率 β 约增加 3%,数值计算不同衰竭效率时对应的气藏开发指标(图 8-3-15 至图 8-3-17)结果表明,衰竭效率越高,相同井网密度下单井平均产量、边际产量与气藏采收率越高,因此,提高气藏衰竭效率有利于提高单井产量与气藏采收率,也更适合井网加密开发。

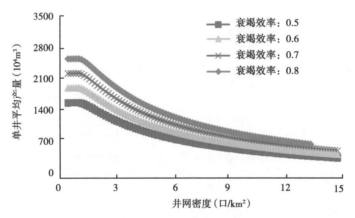

图 8-3-15 不同衰竭效率、井网密度对应的单井平均产量

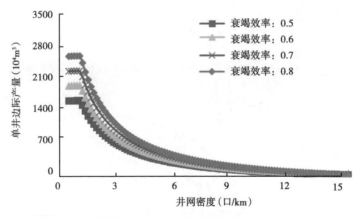

图 8-3-16 不同衰竭效率、井网密度对应的单井边际产量

根据苏里格气藏经济指标与气藏开发指标来确定气藏的经济井网密度与经济采收率(图 8-3-18、图 8-3-19),结果表明,在经济井网密度方面,衰竭效率越高,经济井网密度越大,衰竭效率在 0.5~0.8 时,经济最佳井网密度 1.5~2.5 口/km²,经济极限井网密度

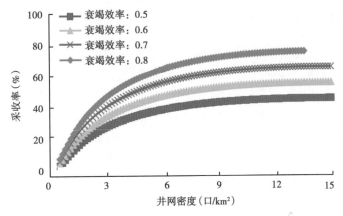

图 8-3-17　不同衰竭效率、井网密度对应的气藏采收率

2.4~5.8 口/km²，提高衰竭效率有利于井网加密；在经济采收率方面，衰竭效率越大，经济采收率越大，衰竭效率在 0.5~0.8 时，经济最佳采收率 19%~44%，经济极限采收率 27%~66%，衰竭效率每提高 10%，经济极限采收率和经济最佳采收率分别可提高 12.5% 和 8.5%，气藏衰竭效率对经济采收率影响显著。

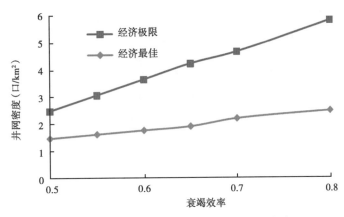

图 8-3-18　不同衰竭效率对应的经济井网密度

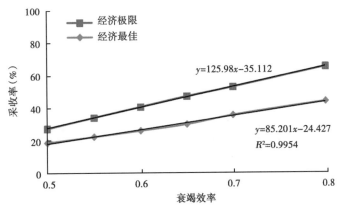

图 8-3-19　不同衰竭效率对应的经济采收率

四、储量动用（控制）程度

考虑到气藏开发在追求经济利益的同时，追求资源利用最大化，通常设置一定的采收率或地质储量动用（控制）程度，如苏里格低渗致密砂岩气藏开发采收率通常标定在 30%~50%，地质储量动用（控制）程度 60%~80%。根据苏里格气田储层物性参数和基于井间干扰概率的气藏开发指标计算方法，计算不同地质储量动用程度时井网密度和单井平均产量（图 8-3-20、图 8-3-21），结果表明，储量动用程度越高，要求的井网密度越大，但单井平均产量越低，地质储量动用程度 60%~80% 时，井网密度 2.9~5.4 口/km^2，单井平均累计产气量 1050×10^4~1500×10^{4}m^3，单井平均累计产气量下降幅度较大，经济效益难以保证。因此，在制定致密砂岩气藏储量动用程度指标时，还需要考虑经济效率，不能一味追求过高的储量动用程度。

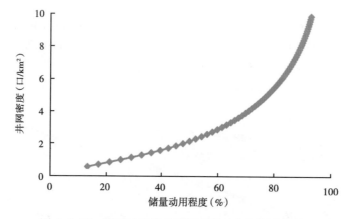

图 8-3-20 不同地质储量动用程度对应的井网密度

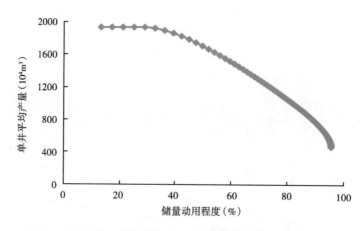

图 8-3-21 不同地质储量动用程度对应的单井平均累计产气量

148

第四节　基于井间干扰概率方法的气田井网优化

一、苏6井区、苏20井区和子洲气田井网优化

苏6井区和苏20井区均位于苏里格气田中部，储层孔隙度低，平均值在9%左右，试井解释动态渗透率小于0.1mD，直井平均单井动态控制储量3000×10⁴m³左右，控制面积0.3km²；子洲气田平均渗透率0.22mD，孔隙度6%左右，直井平均单井动态控制储量13000×10⁴m³，控制面积1.27km²，以上三个气田为鄂尔多斯盆地三个典型的低渗透致密砂岩气田[3]（表8-4-1）。

表8-4-1　鄂尔多斯盆地典型低渗透致密砂岩气田开发与地质参数表

气田名称	有效厚度（m）	孔隙度（%）	含气饱和度（%）	渗透率（mD）	单井动态储量（10⁴m³）	单井动态面积（km²）	井网密度（口/km²）
苏6	9.3	9.4	65	0.05	3400	0.29	0.70①
苏20	10.8	8.6	61	0.08	3000	0.30	0.63
子洲	11.9	6.0	71	0.22	13000	1.27	0.24

注：①井网密度为一次井网密度，目前经过二次加密，井网密度达2.8口/km²。

根据三个气田生产动态和地质参数，计算得到单井动态控制储量、单井动态控制面积和井间干扰概率曲线（图8-4-1至图8-4-3），结果表明，苏6井区、苏20井区单井控制储量和单井动态控制面积普遍偏低，绝大部分单井动态控制储量小于8000×10⁴m³，单井控制面积小于0.6km²，当前井网密度下井间干扰概率低，基本不发生干扰；子洲气田单井动态控制储量主要集中在10000×10⁴~20000×10⁴m³，单井控制面积1~2km²，当前井网密度条件下井间干扰概率较低。

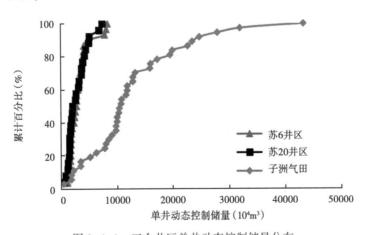

图8-4-1　三个井区单井动态控制储量分布

根据三个气田井间干扰概率曲线和开发地质数据，数值计算不同井网密度下气藏开发指标（图8-4-4至图8-4-6），发现当前井网密度条件下子洲气田单井平均累计产气量

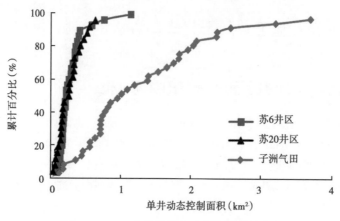

图 8-4-2　三个井区单井动态控制面积分布

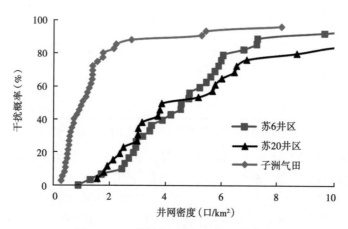

图 8-4-3　不同井区井间干扰概率曲线

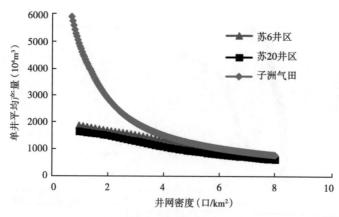

图 8-4-4　三个气田单井平均产量与井网密度关系

$6000 \times 10^4 \text{m}^3$ 左右,大于单井经济极限产量,可实现经济有效开发,采收率 30% 左右,采收率偏低,有加密提高采收率空间。考虑到气藏采收率随着井网密度增加先增加后趋于平缓,尤其井网密度加密到 2 口/km² 时，继续加密采收率增加不再明显，因此从技术角度来讲，子洲气田的合理井网密度约为 2 口/km²，对应的采收率约为 56%，此时单井平均累计产气量仍可达 3000×10⁴m³，大于单井经济极限产量，满足经济有效开发要求。

苏 6 井区和苏 20 井区单井产量低，当前井网密度下单井平均累计产气量只有 1600×10⁴m³，接近该地区单井经济极限产量，而且采收率只有 15%；从技术角度来讲，通过井网加密也可大幅提高气藏采收率，但由于井网加密大大增加井间干扰概率，导致单井平均及边际产量大幅下降，尤其当井网密度达到 3 口/km² 时，再继续加密，会导致单井平均及边际产量降到经济极限产量以下，无法实现经济有效开发，因此苏 6 井区和苏 20 井区后期井网加密还需考虑经济效益问题。

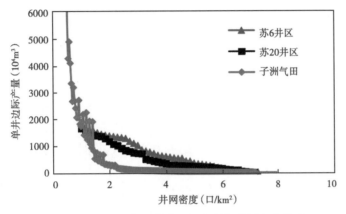

图 8-4-5　三个气田单井边际产量与井网密度关系

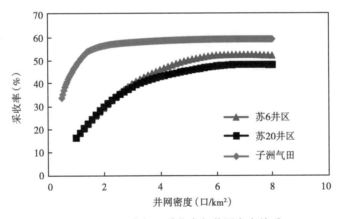

图 8-4-6　三个气田采收率与井网密度关系

根据上述研究结果得到三个区块的经济井网密度与采收率（表 8-4-2），发现子洲气田经济最佳井网密度 1.4 口/km²，采收率 53.7%；经济井网密度 4.5 口/km²，采收率 58.65%，经济采收率与该地区标定的技术采收率基本一致；而苏 6 井区和苏 20 井区经济最佳井网密度 2 口/km²，采收率 30% 左右；经济极限井网密度 3.0 口/km² 左右，采收率 40% 左右，经济采收率相对较低。

表 8-4-2　苏 6 井区、苏 20 井区和子洲气田开发技术与经济参数

名称	经济最佳			经济极限		
	井网密度 （口/km²）	平均产量 （10⁴m³）	采收率 （%）	井网密度 （口/km²）	边际产量 （10⁴m³）	采收率 （%）
子洲气田	1.4	3884	53.7	4.5	46	58.6
苏 6 井区	2.1	1666	30.0	3.8	626	44.7
苏 20 井区	1.8	1526	27.3	2.6	745	35.7

二、苏 75 井区三个气站控制区域井网优化

苏 75 井区位于苏里格气田西区北侧，区块面积 989km²，苏 75 区块上古地层自下而上有本溪组、太原组、山西组、石盒子组及石千峰组。区内主力含气层位为盒 8 段、山 1 段，此外还有太原、山 2 等层位。主力含气层位盒 8 段、山 1 段含气显示普遍，气层发育、厚度大，钻遇率高。依据目前新钻评价井、开发井资料，采用容积法计算盒 8 段和山 1 段天然气控制地质储量为 1157.7×10⁸m³，一次开发井距为 1200m。

自 2008 年投产以来，截至 2016 年 10 月底累计投入生产井 355 口，累计生产天然气 53.02×10⁸m³，建有 1 号气站、2 号气站和 4 号气站，根据 3 个气站所辖气井开发与地质资料统计分析：1 号气站辖区储层物性较好，是主力产气区，累计产气量 34.4×10⁸m³，前 5 年平均单井产气量 2000×10⁴m³；2 号和 4 号气站辖区储层物性较差，前 5 年平均单井产气量仅 1000×10⁴m³（表 8-4-3）；单井动态控制储量 1 号气站主要集中在 5000×10⁴m³ 左右，2 号气站、4 号气站主要集中在 2000×10⁴m³ 左右（图 8-4-7），单井动态控制面积 1 号气站主要集中在 0.4km²，2 号气站、4 号气站主要集中在 0.2km²（图 8-4-8），远小于当前井距条件下井控面积（1.44km²），井间基本没有产生干扰，有很大加密的空间（图 8-4-9）。

表 8-4-3　苏 75 井区各气站辖区物性参数统计表

气站	有效厚度 （m）	孔隙度 （%）	含气饱和度 （%）	渗透率 （mD）	储量丰度 （10⁸m³/km²）
1 号	12	8.5	60	0.15	1.5
2 号	11	7.7	55	0.05	1.2
4 号	11	7.4	50	0.04	1.0

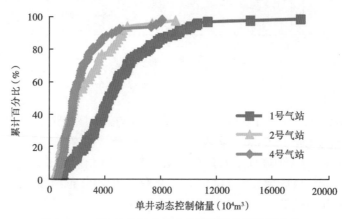

图 8-4-7　苏 75 井区单井动态控制储量累计百分比

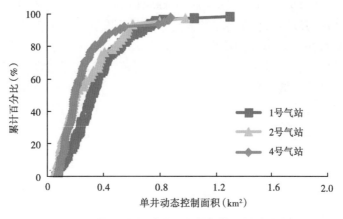

图 8-4-8　苏 75 井区单井动态控制面积累计百分比

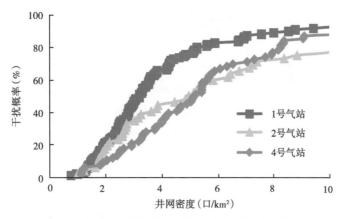

图 8-4-9　苏 75 井区井间干扰概率与井网密度关系

　　根据苏 75 井区三个气站辖区气井干扰概率曲线和储层物性参数，依据井网优化概率统计方法，可以计算得到不同井网密度时各气站单井平均累计产气量、边际累计产气量和气藏采收率曲线（图 8-4-10 至图 8-4-12），可以看到：就单井产量而言，当前稀疏井网密度

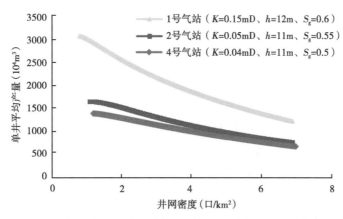

图 8-4-10　苏 75 井区三个气站单井平均累计产气量与井网密度关系

下，1 号气站辖区单井平均累计产气量约为 $3000 \times 10^4 m^3$，2 号气站和 4 号气站 $1400 \times 10^4 m^3$ 左右，并且随着井网密度增加，单井平均累计产气量下降，尤其是 2 号气站和 4 号气站，单井平均累计产气量很快降到单井经济极限产量以下，面临经济有效开发的问题，加密需谨慎，从经济角度出发不宜采用密井网开发；就采收率而言，气藏采收率随井网密度增加先增加后趋于平缓，但整体较低，尤其 2 号气站和 4 号气站，即使井网密度达到 8 口/km²，采收率也仅 45% 左右，实际上为了满足一定的经济效益，不可能采取如此密集的井网开发，因此，气藏采收率会更低。

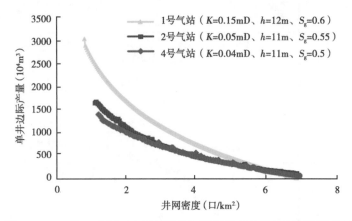

图 8-4-11　苏 75 井区三个气站单井边际累计产气量与井网密度关系

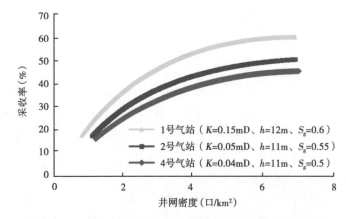

图 8-4-12　苏 75 井区三个气站辖区采收率与井网密度关系

根据苏 75 井区开发经济指标与不同井网密度下开发效果预测曲线，确定了苏 75 井区经济井网密度与采收率关系（表 8-4-3），由表 8-4-3 可见：苏 75 井区三个气站辖区的经济井网密度与采收率差异较大，1 号辖区经济最佳井网密度 2.6 口/km²，单井平均累计产气量 $2313 \times 10^4 m^3$，采收率 42.2%；而经济极限井网密度 6.1 口/km²，单井边际产量 $160 \times 10^4 m^3$，采收率 59.4%。而 4 号辖区经济最佳井网密度 1.3 口/km²，单井平均累计产气量 $1380 \times 10^4 m^3$，采收率 23.8%；经济极限井网密度 2.0 口/km²，单井边际产量 $1001 \times 10^4 m^3$，采收率 29.4%。2 号辖区的值介于上述两者之间。因此，矿场可参考表 8-4-4，确定苏 75 井区三个气站的合理井网密度与采收率。

154

表 8-4-4　苏 75 井区三个气站辖区经济井网密度与采收率

气站 名称	经济最佳			经济极限		
	井网密度 （口/km²）	单井平均产量 （10⁴m³）	采收率 （%）	井网密度 （口/km²）	单井边际产量 （10⁴m³）	采收率 （%）
1 号	2.6	2313	42.2	6.1	160	59.4
2 号	1.6	1593	23.8	2.0	1001	29.4
4 号	1.3	1380	16.4	1.5	1166	19.8

参 考 文 献

[1] 王国勇，刘天宇，石军太. 苏里格气田井网井距优化及开发效果影响因素分析 [J]. 特种油气藏，2008，15（5）：76-79.

[2] 许进进，李治平. 用储量丰度计算法确定气田合理井网密度 [J]. 新疆石油地质，2008，29（3）：397-398.

[3] 唐俊伟，贾爱林，蔡磊，等. 苏里格气田强非均质性致密砂岩储层开发井网优化 [J]. 大庆石油学院学报，2007，31（5）：74-77.

第九章 致密砂岩气藏开发方案优选数值模拟

致密砂岩气藏具有低孔隙度、低渗透率的特点，而且由于储层渗透率低，天然气单靠浮力不能产生长距离运移和大规模聚集，因此天然气往往呈现区域性广泛分布于致密储层中，一般无明显的气水界面，储层气水关系十分复杂[1,2]。致密砂岩气藏一般含水饱和度比较高，且大部分存在可动水[3]，在气藏开发过程中由于压裂沟通、生产压差增加都会导致可动水流动，从而产生气水两相渗流，进而导致以下两种结果：一是气体渗流阻力较单相流大大增加，流量明显降低；二是随着气体流量的减小，近井地带含水饱和度增加、井筒积液，降低产量、增加废弃压力，最终导致气井提前报废。因此，致密砂岩气藏的数值模拟与常规气藏存在一定的差异，有必要开展针对性的数值模拟研究。

第一节 产水气井井底压力计算

气井的井底流压是气井生产的重要参数，同时井底流压拟合也是数值模拟中非常关键的一步。井底压力参数主要通过下井底压力计实测和通过井口压力计算两种方法获得。对于实际生产过程，通过下井底压力实测井底压力是不可能的，一般都参考根据井口测定的油压或套压资料来折算井底压力[4-7]。

目前国内外关于计算气液两相压力梯度的模型很多，对于纯气井来讲，如平均温度和平均偏差系数法和 Cullender-Smith 方法等，气井生产一段时间后见水，使纯气井变成气水井，这种情况下前面的方法不再适用。对于高气水比井中的气而言，气流中液体含量相对小的。低含量液体与生产井中高气体流量并存，使液体以雾状均匀地弥散在气体中，因此可以处理为单相流动，可以适用修正的 Cullender-Smith 方法。但对于出现气水两相流动的气体，其计算方法很多，如 Hagedorn-Brown 模型、Duns-Ros 模型、Orkinszewski 模型、Beggs-Brill 模型、Mukher-jee-Brill 模型等，每种方法都各自的使用条件，因此需要寻找适合的计算模型[8,9]。

用 Hagedorn-Brown 模型、Mukher-jee-Brill 模型、Gray 模型、Pelalas&Aziz 模型分别计算了产水气井的井底流压值，并与实测的井底流压值进行了对比分析，计算结果见表 9-1-1 和图 9-1-1。

表 9-1-1 井底压力折算结果对比表

序号	产气量 (10⁴m³/d)	产水量 (m³/d)	油压 (MPa)	实测井底压力 (MPa)	计算井底压力（MPa）							
					H-B 法	误差	M-B 法	误差	Gray 法	误差	P&A 法	误差
1	3.04	1.43	12.30	15.86	15.46	0.40	18.31	2.44	16.65	0.79	22.94	7.08
2	2.98	3.85	11.20	14.91	14.74	0.18	18.87	3.95	15.52	0.61	21.69	6.78
3	3.01	4.09	10.20	13.86	13.53	0.32	17.57	3.72	14.26	0.40	20.31	6.46

序号	产气量（$10^4 m^3/d$）	产水量（m^3/d）	油压（MPa）	实测井底压力（MPa）	计算井底压力（MPa）							
					H-B法	误差	M-B法	误差	Gray法	误差	P&A法	误差
4	3.02	1.96	16.60	20.54	20.95	0.41	24.47	3.93	21.97	1.43	28.46	7.92
5	1.41	0.07	18.50	22.68	23.26	0.58	24.47	1.79	21.97	0.71	28.46	5.78
6	1.95	4.17	14.50	18.67	18.99	0.32	25.21	6.54	20.39	1.72	27.63	8.97
7	0.53	0.76	11.80	15.69	16.15	0.46	21.31	5.62	18.68	2.99	29.22	13.54
8	2.51	2.69	11.00	14.67	14.36	0.31	18.24	3.57	15.39	0.72	21.96	7.29
9	2.51	3.11	10.90	14.60	13.30	1.30	17.31	2.70	14.28	0.33	20.75	6.14
10	2.52	0.94	10.80	14.29	13.41	0.88	16.02	1.72	14.88	0.59	21.56	7.26
11	1.41	0.73	8.50	11.99	10.58	1.41	13.58	1.59	12.87	0.88	20.61	8.62
12	3.03	2.69	7.70	11.04	10.22	0.81	13.02	1.99	10.96	0.07	16.66	5.62
13	1.12	0.63	8.50	12.03	10.57	1.46	13.81	1.79	13.26	1.24	21.59	9.57
14	1.95	7.15	7.50	11.42	10.76	0.66	16.81	5.39	11.61	0.19	18.25	6.83
15	1.46	0.48	7.50	10.88	9.18	1.70	11.51	0.63	11.35	0.47	18.95	8.07
16	1.70	6.32	6.80	10.63	9.83	0.80	15.92	5.29	10.86	0.23	17.77	7.14
17	1.11	0.62	6.80	10.20	8.44	1.76	11.24	1.04	10.91	0.71	18.83	8.63
18	1.09	0.89	5.90	9.26	7.50	1.76	10.66	1.40	9.95	0.69	17.78	8.52
19	1.01	3.26	5.30	8.85	7.64	1.20	13.25	4.40	9.47	0.63	17.38	8.53
20	1.36	2.16	5.00	8.36	6.93	1.43	10.47	2.10	8.48	0.11	15.42	7.05
21	0.74	2.15	4.90	8.36	7.02	1.34	12.42	4.06	9.37	1.01	18.05	9.69
22	1.49	0.13	4.90	8.05	5.86	2.19	7.02	1.03	7.79	0.25	14.72	6.68
23	1.71	1.26	4.70	7.90	6.04	1.86	8.46	0.57	7.55	0.35	13.93	6.03
24	1.93	1.84	3.20	6.30	4.30	2.00	5.41	0.89	6.45	0.15	10.98	4.68
25	2.98	0.48	4.80	7.72	5.83	1.89	6.85	0.87	7.02	0.70	12.21	4.49
26	3.03	0.69	4.40	7.30	5.41	1.90	6.36	0.94	6.70	0.60	11.45	4.15
27	1.54	0.28	4.00	7.08	4.82	2.27	6.09	1.00	6.56	0.53	13.08	5.99
28	1.69	1.56	4.00	7.18	5.27	1.90	7.73	0.55	6.66	0.52	12.82	5.64
29	0.71	1.38	3.90	7.22	5.40	1.82	9.50	2.28	8.06	0.84	16.49	9.27

从表 9-1-1 的计算结果来看，当油压大于 11MPa 时，用 Hagedon-Brown 模型计算结果误差最小，不超过 1MPa，最接近实测值，符合压力折算精度要求，适宜于产水气井井底压力计算；当油压小于 11MPa 时，用 Gray 模型计算结果误差最小，不超过 1MPa，最接近实测值，符合压力折算精度要求，适宜于产水气井井底压力计算。

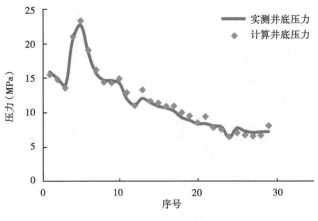

图 9-1-1　井底压力折算结果对比图

第二节　开发方案优选数值模拟

考虑致密砂岩气藏可动水饱和度对于储层气水渗流能力的影响，根据上述可动水饱和度测井解释研究成果可知，储层可动水饱和度小于 10% 时，气井通常产水较少或者不产水，对生产效果影响较小；而当储层可动水饱和度为 10%~20% 时，气井产水量较多，对气井产能有一定程度的影响；当储层可动水饱和度大于 20% 时，气井会大量产水，严重影响气井产能。根据致密砂岩气藏数值模拟需要，应用上述考虑可动水饱和度致密砂岩气藏气水层识别新方法，将致密砂岩气藏储层分为气层（基本不产水）、气水层（产一定量水）和水层（大量产水）三大类，开展对应的致密砂岩气藏开发数值模拟试验，预测不同产水状态对于气井产能的影响，优选致密砂岩气藏合理高效的开发方案。

首先利用致密砂岩气藏典型单井理论模型来研究不同开发方案对开发效果的影响，本次数值模拟采用 Sclumberger 公司的 Eclipse 软件，考虑单井同时钻遇气层和气水层，通过致密砂岩储层相对渗透率曲线来反映水的流动能力，利用前述的井底压力计算方法建立垂向流动形态表格（VFP 表）来反映产水对井筒压力的影响，模拟单开气层、气水层同开或者先开气层后开气水层这几种不同开发方案的开采效果，来研究理想致密砂岩气藏合理有效的开发方案。

一、单井模型的建立

单井模型的建立主要参考苏里格气田苏 75 井区地质情况建立，结合两次测井解释成果，建立平面均质（纵向非均质）的理想气藏模型。

1. 网格划分

模型平面选定为正方形，考虑苏 75 井区井距为 600m，设定 X 方向 20 个网格、步长 30m，Y 方向 20 个网格、步长 30m，平面上网格总数为 400 个。纵向上划分为 2 层网格，来模拟单井同时钻遇气层和气水层，考虑苏 75 井区气层和气水层的厚度一般在 5~15m，设定步长为 10m，总网格数为 800 个。模型中间位置设置一口生产井，井附近 X 方向上进行网格加密，来模拟直井压裂状态（图 9-2-1）。

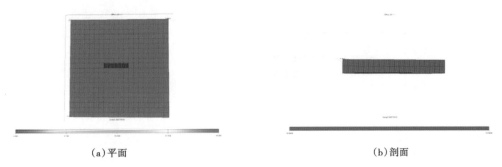

| (a)平面 | (b)剖面 |

图 9-2-1　单井理想模型网格系统示意图

2. 属性模型

根据苏 75 井区两次测井解释结果物性参数加权平均结果（表 9-2-1）对模型进行赋值。

表 9-2-1　单井理想模型物性参数表

层位	孔隙度（%）	渗透率（mD）	气水层属性
1	11	0.125	气层
2	8	0.07	气水层
裂缝	100	100	—

3. 模型初始化

1）相渗区划分

气水性质是影响地下流体渗流较为敏感的因素，对流体性质资料的确定十分重要。根据实验室资料综合分析、筛选、处理，获得可靠的 PVT 数据、相对渗透率曲线、毛细管压力曲线等必要的参数与曲线，建立流体模型。

根据苏里格低渗致密砂岩储层特征，将岩心渗透率划分为三个范围：占比量最大的岩心（$K<0.1\text{mD}$）、最少的岩心（$K>1\text{mD}$）和一定量的介于两者之间的岩心（$0.1\text{mD}<K<1\text{mD}$），然后分别针对三类岩心开展不同可动水饱和度分布区间岩样气水相对渗透率曲线测试实验。根据致密砂岩气藏储层特征，将实验得到的气水相对渗透率曲线按渗透率和可动水饱和度分布区间进行分类（表 9-2-2）：第一类是渗透率小于 0.1mD 的致密储层；第二类是渗透率介于 0.1~1mD 的近致密储层；第三类是渗透率大于 1mD 的低渗透储层，根据每类储层的产水动态分别给出对应的气水两相相对渗透率曲线（图 9-2-2 至图 9-2-7）。根据模型物性参数值，本节只需要提供第一类致密砂岩气水层与第二类近致密砂岩气水层相对渗透率曲线用于数值模拟即可。

表 9-2-2　相对渗透率分区列表

分类		渗透率区间（mD）	可动水饱和度区间（%）	相对渗透率曲线
第一类	不产水	<0.1	0~10	致密气层 1
	产水		>10	致密气水层 2
第二类	不产水	0.1~1	0~10	近致密气层 1
	产水		>10	近致密气水层 2
第三类	不产水	>1	0~10	低渗透气层 1
	产水		>10	低渗透气水层 2

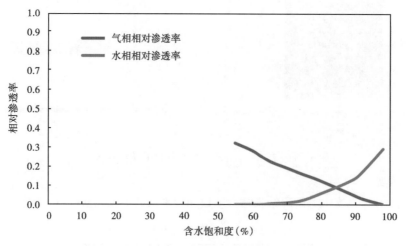

图 9-2-2　致密气层气水两相相对渗透率曲线

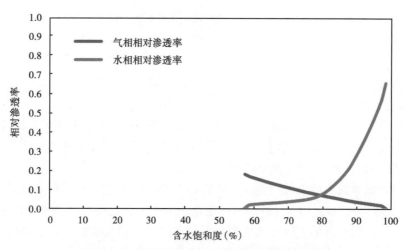

图 9-2-3　致密气水层气水两相相对渗透率曲线

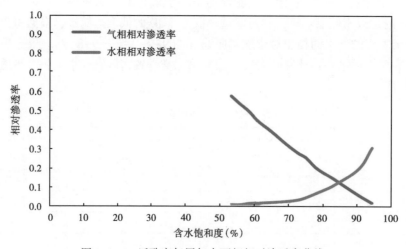

图 9-2-4　近致密气层气水两相相对渗透率曲线

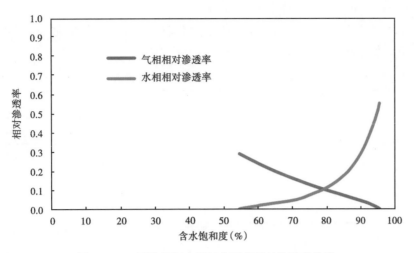

图 9-2-5　近致密气水层气水两相相对渗透率曲线

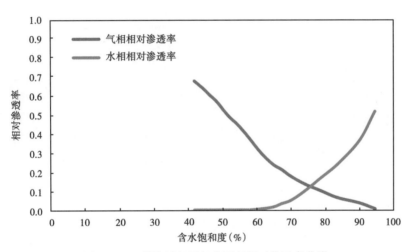

图 9-2-6　低渗透气层气水两相相对渗透率曲线

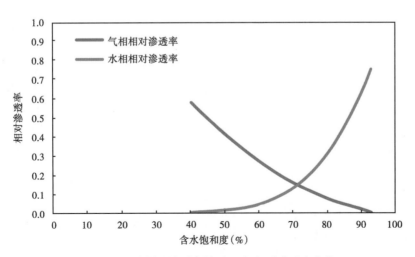

图 9-2-7　低渗透气水层气水两相相对渗透率曲线

2) 流体和岩石岩性参数的确定

（1）气藏基本参数输入。气藏基本参数主要有储层原始状态下的地层压力、岩石、水、原油压缩系数、油、水的性质等（表9-2-3）。

表9-2-3 单井理想模型基本参数表

参数	数值	参数	数值
原始地层压力（MPa）	27	气藏顶深（m）	3150
气藏温度（℃）	70	天然气密度（kg/m³）	0.602
地层水密度（kg/m³）	1	地层水黏度（mPa·s）	0.277
地层水压缩系数（MPa）	$4.84×10^{-4}$	岩石岩缩系数（MPa）	$4.397×10^{-5}$

（2）PVT参数。天然气高压物性数据如图9-2-8所示。

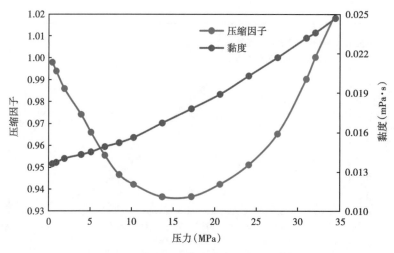

图9-2-8 单井试验模型天然气高压物性曲线

（3）模型初始化。模型初始化就是建立在初始状态下压力、饱和度、原始溶解油气比以及初始泡点压力或露点压力的分布，分为压力分布初始化和饱和度分布初始化。饱和度分布初始化可以用不同的办法来初始化模型饱和度，如平衡方法、赋地质模型含水饱和度以及J函数方法，本次采用赋含水饱和度的方法进行饱和度分布初始化。致密砂岩气藏，由于其自身的物性差，原始含水饱和度高，一般在40%~60%。考虑两种情况进行模型初始化：①钻遇含水饱和度较高的储层：第1层含水饱和度为45%，解释为气层，第2层含水饱和度偏高为60%，解释为气水层。②钻遇含水饱和度较低的储层：第1层含水饱和度也为45%，解释为气层，第2层含水饱和度为50%，解释为气水层（表9-2-4）。

表9-2-4 饱和度模型初始化列表

	层位	含水饱和度（%）	储量（$10^8 m^3$）	气水层属性
模型1	1	45%	0.31	气层
	2	60%	0.23	气水层

162

	层位	含水饱和度（%）	储量（$10^8 m^3$）	气水层属性
模型 2	1	45%	0.31	气层
	2	50%	0.29	气水层

（4）井底压力折算。模拟气井通过井口压力控制生产，因此需要进行井底压力折算。运用 Hangdorn&Brown 和 Gray 模型计算不同产气量、水气比情况下井底压力，生成 VFP 表输入到数模软件中进行井底压力折算，将 VFP 表按气井水气比的大小分为三类：第一类为不产地层水，水气比为 $0m^3/10^4m^3$；第二类为产少量地层水，水气比小于 $0.5m^3/10^4m^3$；第三类为出大量地层水，水气比远大于 $0.5m^3/10^4m$，计算结果如图 9-2-9 所示。

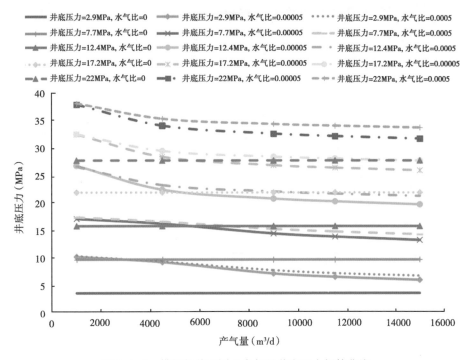

图 9-2-9　模拟气井不同日产气量井底压力折算曲线

二、开发方案优选

1. 开发方案设计

对比研究不同开发方案对气田开发效果的影响，共设计四套致密砂岩气藏气井模拟开发方案（表 9-2-5），模拟预测时间 20 年，模拟先定产生产（$1.5×10^4m^3/d$），再定井口压力生产（3MPa），采用井口压力控制，根据输入的 VFP 表进行插值计算井底压力，根据方案预测的结果对比优选最佳的开发方案。

表 9-2-5　开发方案设计表

方案	方案明细
方案 1	只开发气层，即第 1 层，模拟连续生产 20 年
方案 2	气层与气水层同时开发，即第 1 层和第 2 层，模拟连续生产 20 年

方案	方案明细
方案3	先打开气层（第1层）生产5年，再打开气水层（第2层）共同生产15年
方案4	先打开气层（第1层）生产10年，再打开气水层（第2层）共同生产10年

2. 开发方案预测结果

1）模型一开发方案预测结果

（1）方案1预测结果。

只开发气层（第1层），模拟气井连续生产20年，从预测得到的产气量和累计产气量与井底压力变化曲线可知（图9-2-10至图9-2-13），该方案稳产期为810d，稳产期末累计产气量为0.12×10^{8}m^3，预测期末累计产气量为0.24×10^{8}m^3，最终采出程度为44.4%。由于气层生产过程中基本不产水，因此折算得到的井底压力值较低。

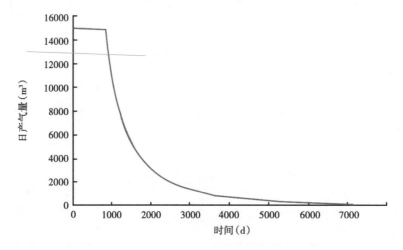

图9-2-10 方案1日产气量变化曲线

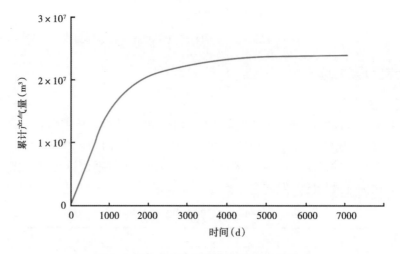

图9-2-11 方案1累计产气量变化曲线

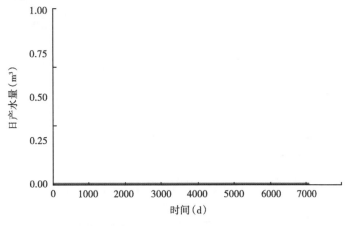

图 9-2-12　方案 1 日产水量变化曲线

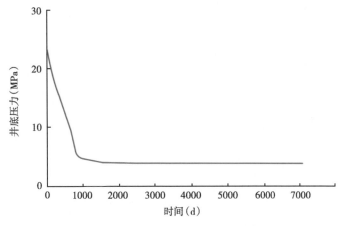

图 9-2-13　方案 1 井底压力变化曲线

（2）方案 2 预测结果。

气层（第 1 层）与气水层（第 2 层）同时开发，模拟气井连续生产 20 年，从预测得到的产气量、累计产气量、产水量和井底压力变化曲线可知（图 9-2-14 至图 9-2-17）：致密砂岩气、水层同时开发可以延长稳产期到 1110d，随后由于气井大量产水，导致产气量迅速下降，最高产水量可以达到 6m³/d，初期产气量较高，气水层产出水可以大量携带产出，但是随着气体流量减小、产水量增加，气井携液能力减弱，导致井筒积液，增加废弃压力，折算得到的井底压力值高于实际的地层压力，最终导致气井提前停产，稳产期末累计产气量为 $0.16×10^8m^3$，预测期末累计产气量为 $0.216×10^8m^3$，采出程度为 40%，较方案 1 的采出程度低 4.4%。可见，气层与气水层同时开发虽然增加了稳产期产量，但是却降低了最终采出程度。

（3）方案 3 预测结果。

先开发气层（第 1 层），生产 5 年后，开发气水层（第 2 层），再共同继续生产 15 年，从预测得到的产气量、累计产气量、产水量和井底压力变化曲线可知（图 9-2-18 至图 9-2-21）：前 5 年只产气不产水，与方案 1 相同，稳产期为 810d，5 年期末累计产气量为 $0.197×10^8m^3$，

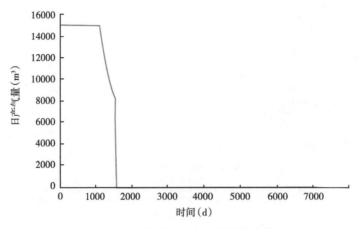

图 9-2-14　方案 2 日产气量变化曲线

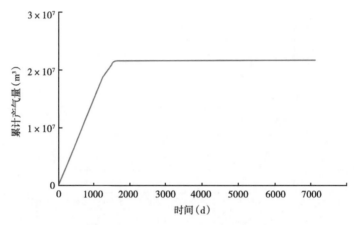

图 9-2-15　方案 2 累计产气量变化曲线

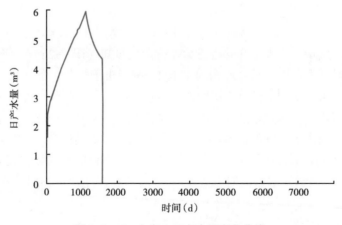

图 9-2-16　方案 2 日产水量变化曲线

之后同时开发气水层（第 2 层），气层（第 1 层）能量得到补充，气井产气量较单层开采时明显增大，同时由于气水层的开发，加上气层（第 1 层）压力已经处于低压阶段，导致气

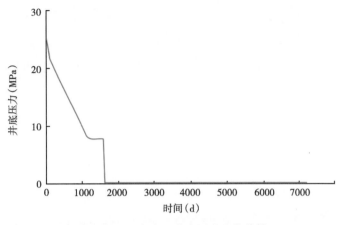

图 9-2-17　方案 2 井底压力变化曲线

井大量产水，最高达到了 $9m^3/d$，导致井筒积液，废弃压力增加，折算得到的井底压力值明显高于实际的地层压力，严重影响了气藏的开发效果，预测期末累计产气量为 $0.231 \times 10^8 m^3$，采出程度为 42.8%。高于气水同产方案 2 采出程度 2.8%，低于方案 1 采出程度 1.6%。

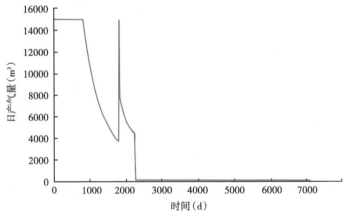

图 9-2-18　方案 3 日产气量变化曲线

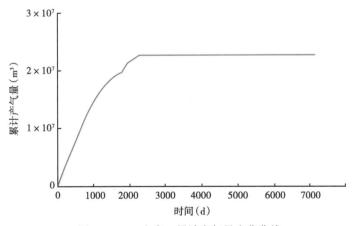

图 9-2-19　方案 3 累计产气量变化曲线

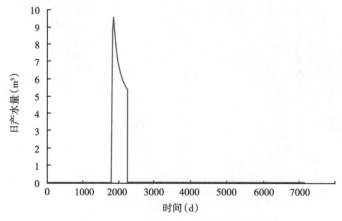

图 9-2-20　方案 3 日产水量变化曲线

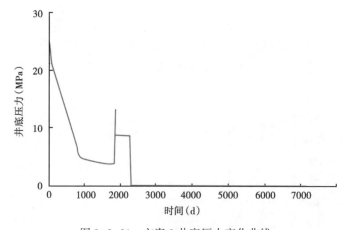

图 9-2-21　方案 3 井底压力变化曲线

（4）方案 4 预测结果。

先开发气层（第 1 层），生产 10 年后，再开发气水层（第 2 层），再共同继续生产 10 年，从预测得到的产气量、累计产气量、产水量和井底压力变化曲线可知（图 9-2-22 至图

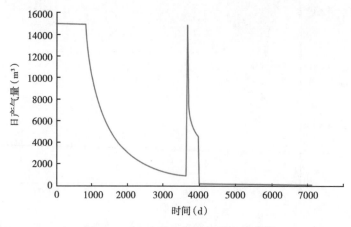

图 9-2-22　方案 4 日产气量变化曲线

9-2-25）：前 10 年只产气不产水，与方案 1 相同，稳产期为 810d，10 年末累计产气量为 0.229×10⁸m³，压力下降明显，之后同时开发气水层（第 2 层），整个气藏能量得到有效补充，气井产气量较单层开采时有明显回升；同时由于气水层的开发，加上气层（第 1 层）压力已经处于低压阶段，导致气井大量产水，最高达到了 9m³/d，导致井筒积液，废弃压力增加，折算得到的井底压力值明显高于实际的地层压力，严重影响气藏开发效果，预测期末累计产气量为 0.251×10⁸m³，采出程度为 46.2%，较前面三种开发方案的采出程度都有提高，可见方案 4 为最佳开发方案。

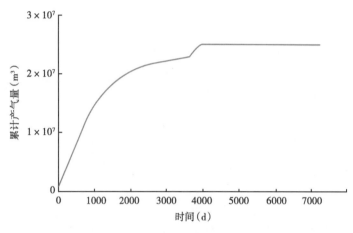

图 9-2-23　方案 4 累计产气量变化曲线

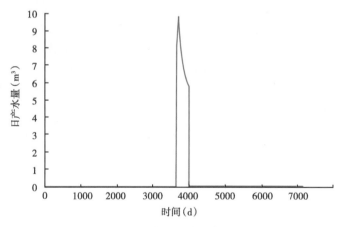

图 9-2-24　方案 4 日产水量变化曲线

（5）方案预测结果分析。

综合考虑产气量、产水量、采出程度、地层压力等指标，从四种方案的预测结果来看（图 9-2-26）：气井只要开发气水层，就会导致气井产水，而且气藏压力越低，气井产水量就越大，对于气藏后期的开发效果影响也越严重；但是开发气水层既可以增加储量，又可以补充气藏能量，对于气藏开发存在有利的一面，因此如何开发气层、气水层交替分布的致密砂岩气藏是方案数值模拟优选的关键。方案 2 和方案 3 预测期末的累计产气量都少于方案 1，方案 4 预测期末累计产气量最多，较方案 1 仅仅多产了 0.011×10⁸m³ 天然气，采出程度

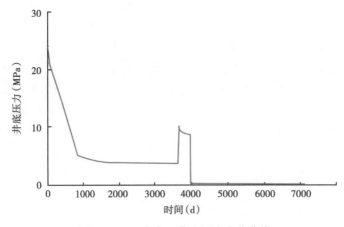

图 9-2-25 方案 4 井底压力变化曲线

只提高了 1.8%。如果考虑处理产出水的成本，认为对于含气性较差的气水层，在开发过程中，尽量避免开发，仅开采气层即可，这样更经济有效；但是，当气水层的含气性较好，在适当的时候加入气水层的开发，可以有效提高气藏的最终采出程度，做到经济有效开发。

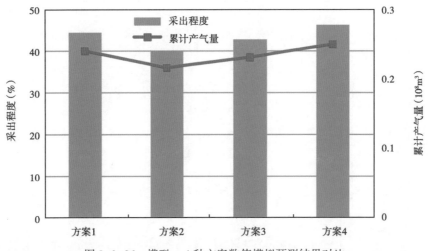

图 9-2-26 模型一 4 种方案数值模拟预测结果对比

2）模型二开发方案预测结果

（1）方案 1 预测结果。

只开发气层（第 1 层），模拟气井连续生产 20 年，和模型一的预测结果一样（图 9-2-27 至图 9-2-30）：该方案稳产期也为 810d，稳产期末累计产气量为 $0.12×10^8 m^3$，预测期末累计产气量为 $0.24×10^8 m^3$，由于模型二气藏含气性更好，所以采出程度较模型一低了 4%，只有 40%。由于气井生产过程中基本不产水，所以折算得到的井底压力值也较低。

（2）方案 2 预测结果。

同时开发气层（第 1 层）与气水层（第 2 层），模拟气井连续生产 20 年，此模型中气水层含气性较好。从预测得到的产气量、累计产气量、产水量和井底压力变化曲线可知（图 9-2-31 至图 9-2-34）：含气性较好的致密砂岩气藏气、水层同时，稳产期可以延长为

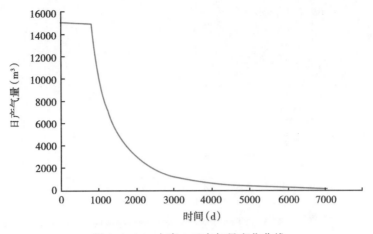

图 9-2-27　方案 1 日产气量变化曲线

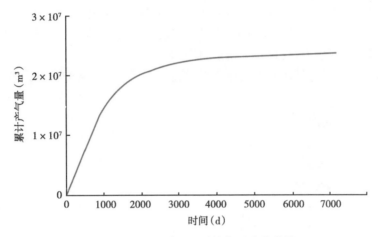

图 9-2-28　方案 1 累计产气量变化曲线

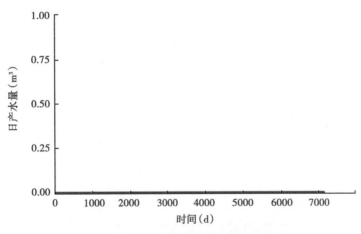

图 9-2-29　方案 1 日产水量变化曲线

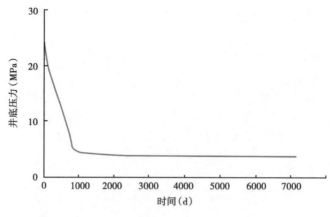

图 9-2-30　方案 1 井底压力变化曲线

1350d，随后由于气井产水，导致产气量迅速下降，最高产水量可以达到 4×m³/d，初期产气量较高，气水层产出水可以大量携带产出，但是随着气体流量减小、产水量增加，气井携液能力减弱，导致井筒积液，增加废弃压力，折算得到的井底压力随后期产气量降低而迅速下降，稳产期末累计产气量为 0.202×10⁸m³，预测期末累计产气量为 0.265×10⁸m³，采出程度为 44.17%，较方案 1 单一气层开发采出程度提高了 4.17%，气藏整体开发效果更好。

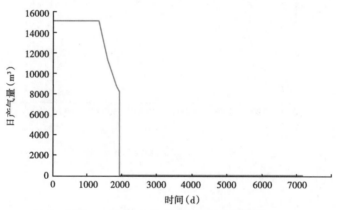

图 9-2-31　方案 2 日产气量变化曲线

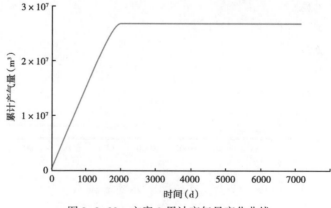

图 9-2-32　方案 2 累计产气量变化曲线

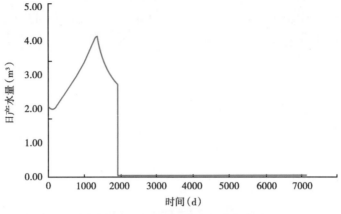

图 9-2-33　方案 2 日产水量变化曲线

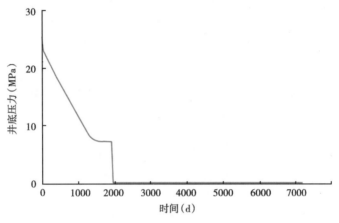

图 9-2-34　方案 2 井底压力变化曲线

（3）方案 3 预测结果。

先开发气层（第 1 层），生产 5 年后，开发气水层（第 2 层），再共同继续生产 15 年，从预测得到的产气量、累计产气量、产水量和井底压力变化曲线可知（图 9-2-35 至图 9-2-38）：

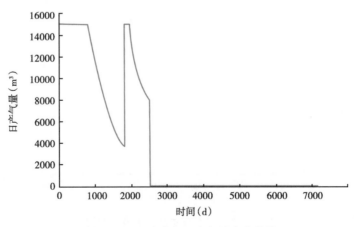

图 9-2-35　方案 3 日产气量变化曲线

前 5 年气井只产气不产水，与方案 1 同样，稳产期为 810d，5 年期末累计产气量为 0.197 ×10⁸m³，之后同时开发气水层（第 2 层），气层（第 1 层）能量得到补充，气井产气量较单层开采时明显增大，同时由于气水层的开发，加上气层（第 1 层）压力已经处于低压阶段，

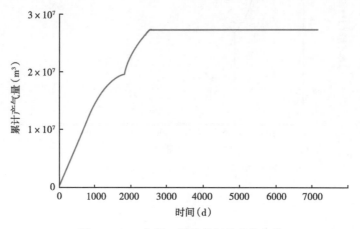

图 9-2-36　方案 3 累计产气量变化曲线

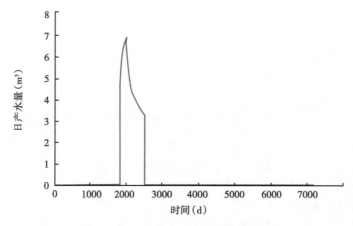

图 9-2-37　方案 3 日产水量变化曲线

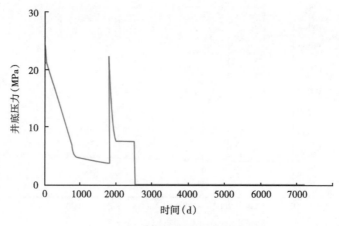

图 9-2-38　方案 3 井底压力变化曲线

导致气井大量产水，最高达到了7×m³/d，导致井筒积液，废弃压力增加，折算得到的井底压力值明显高于实际的地层压力，严重影响了气藏的开发效果，预测期末累计产气量为0.274×10⁸m³，采出程度为45.7%，略高于方案2。

（4）方案4预测结果。

先开发气层（第1层），生产10年后，开发气水层（第2层），再共同继续生产10年，从预测得到的产气量、累计产气量、产水量和井底压力变化曲线可知（图9-2-39至图9-2-42）：前10年只产气不产水，与方案1同样，稳产期为810d，10年末累计产气量为0.229×10⁸m³，压力下降明显，之后同时开发气水层（第2层），整个气藏能量得到有效补充，气井产气量较单层开采时有明显回升；同时由于气水层的开发，加上气层（第1层）压力已经处于低压阶段，导致气井大量产水，最高达到了7×m³/d，导致井筒积液，废弃压力增加，折算得到的井底压力值明显高于实际的地层压力，严重影响气藏开发效果，预测期末累计产气量为0.294×10⁸m³，采出程度为46.2%，略高于方案3。

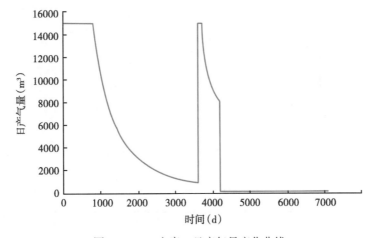

图9-2-39　方案4日产气量变化曲线

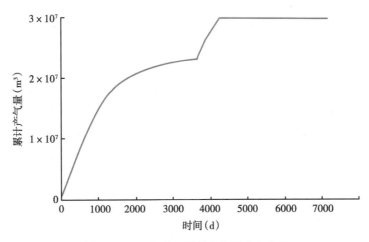

图9-2-40　方案4累计产气量变化曲线

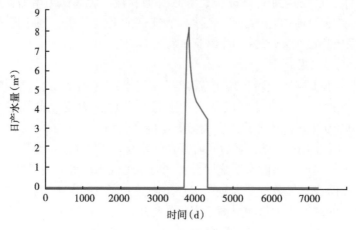

图 9-2-41　方案 4 日产水量变化曲线

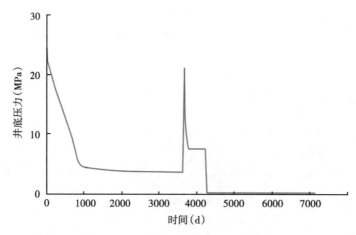

图 9-2-42　方案 4 井底压力变化曲线

（5）方案预测结果分析。

综合考虑模型二产气量、产水量、采出程度、地层压力等指标，可以发现气井只要开发气水层，就会导致气井产水，而且气藏压力越低，气井产水量就越大，对于气藏后期的开发效果影响也越严重；但是开发气水层既可以增加储量，又可以补充气藏能量，对于气藏开发存在有利的一面，特别是对于含气性较好、产水量较低的气水层，对于气藏整体开发效果改善有重要作用，这一点在模型二得到验证。从四种方案的预测结果来看（图9-2-43），从方案 1 到方案 4，气藏的开发效果一直在改善，方案 4 的开发效果最好，预测期末采出程度较方案 1 提高了近 10%，可见对于由含气性较好、产水量较低的气水层和气层组成的气藏，可以考虑先开采气层 10 年，当压力降到一定程度时，再开发气水层，既降低了产水影响，又达到增加储量和补充能量开采的效果。

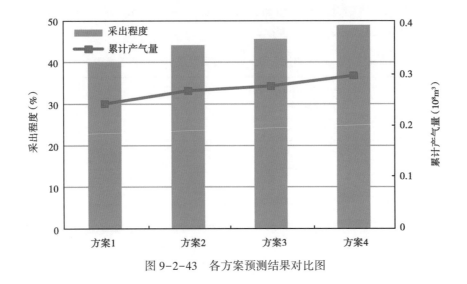

图 9-2-43　各方案预测结果对比图

第三节　实例分析与应用

以大牛地气田某目标区块地质模型为基础，进行气田开发方案优选数值模拟研究，通过相对渗透率曲线来反映水的流动能力，利用前述的井底压力计算方法建立垂向流动形态表格（VFP 表）来反映产水对井筒压力的影响，模拟单开发气层、气水层同开发或者先开发气层后开发气水层三种不同开发方案的开采效果，研究致密砂岩气藏合理有效的开发方案。

一、气田概况

1. 区块地理位置及勘探开发概况

大牛地气田位于陕西榆林市和内蒙古鄂尔多斯市交界地区，鄂尔多斯盆地的北东部。大牛地气田的勘探工作始于 20 世纪 70 年代末，但主要工作集中在 1999 年以后，探明储量达 $3076.87×10^8m^3$，为大型气田。大牛地气田的开发工作始于 2001 年，通过 2001 年和 2002 年的前期开发准备，于 2003 年和 2004 年进行了开发先导试验，2005 年进入规模化开发阶段，进行了以盒 2、盒 3 高产气层为主的规模化开发，新建天然气年产能 10 亿方。

大牛地气田钻井揭露地层平均厚度 3000m，自上而下有第四系，白垩系志丹群，侏罗系安定组、直罗组、延安组，三叠系延长组、二马营组、和尚沟组、刘家沟组，二叠系石千峰组、上石盒子组、下石盒子组、山西组，石炭系太原组、本溪组，奥陶系上马家沟组。其中，二叠系下石盒子组、山西组，石炭系太原组为主要目的层系（表 9-3-1）。

2. 区域构造特征

鄂尔多斯盆地为一不对称的向斜盆地，向斜轴部位于天池—环县南北狭窄区域，东翼所辖地区构成了盆地的主体，为一西倾大单斜，地层倾角小于 1°。根据盆地演化史和构造形态，盆地内部可以划分为 6 个一级构造单元：伊盟隆起、渭北隆起、西缘冲断带、晋西挠褶带、天环坳陷和伊陕斜坡。

大牛地气田位于盆地的北东部，其构造位置在伊陕斜坡北部，区块内构造、断裂不发育，总体为一北东高、西南低的平缓单斜，平均坡降 6~9m/km，地层倾角 0.3°~0.6°，局部发育鼻状隆起，未形成较大的构造圈闭。

表 9-3-1　大牛地气田上古生界目的层小层划分结果表

界	系	统	组	段	气层组	小层号	气层	代号	已产气层
上古生界	二叠系	上统	石千峰组						
			上石盒子组						
		下统	下石盒子组	盒三段	盒3	4	盒3⁴	H3⁴	
						3	盒3³	H3³	√
						2	盒3²	H3²	√
						1	盒3¹	H3¹	√
				盒二段	盒2	5	盒2⁵	H2⁵	
						4	盒2⁴	H2⁴	√
						3	盒2³	H2³	
						2	盒2²	H2²	√
						1	盒2¹	H2¹	√
				盒一段	盒1	5	盒1⁵	H1⁵	
						4	盒1⁴	H1⁴	
						3	盒1³	H1³	√
						2	盒1²	H1²	
						1	盒1¹	H1¹	√
			山西组	山二段	山2	6	山2⁶	S2⁶	
						5	山2⁵	S2⁵	√
						4	山2⁴	S2⁴	
						3	山2³	S2³	
						2	山2²	S2²	√
						1	山2¹	S2¹	√
				山一段	山1	6	山1⁶	S1⁶	
						5	山1⁵	S1⁵	√
						4	山1⁴	S1⁴	
						3	山1³	S1³	√
						2	山1²	S1²	√
						1	山1¹	S1¹	√
	石炭系	上统	太原组	太二段	太2		太2	T2	√
				太一段	太1		太1	T1	
		中统	本溪组						

3. 储层物性特征

总体上，下石盒子组、山西组、太原组储层为低孔低渗，其中盒 3 段储层物性相对最好，平均孔隙度 10.27%、平均渗透率 1.36mD；其次为盒 2 段、太 2 段储层，盒 2 段平均孔

178

隙度为 8.66%，平均渗透率 0.73mD，太 2 段平均孔隙度为 8.58%，平均渗透率 0.7mD；而盒 1 段、山 2 段、山 1 段储层物性相对较差。

盒 3 段储层孔隙度分布为双峰，集中在 2%~6% 和 10%~14% 区间内，渗透率分布不集中，扣除非储层样品，在 0.8~1.6mD 的区间内分布频率最高。盒 2 段等其他气层组储层物性特征类似。

4. 气藏特征

1）天然气组分

气田地面天然气组分中甲烷含量总体较高，乙烷以上组分含量较低，各层产出气体中均含有少量氮气（小于 3%）和二氧化碳气体（小于 3%），不含硫化氢（表 9-3-2）。不同层位气体组分有所不同，自下而上甲烷含量升高，重烃含量降低，气体相对密度降低。按照天然气划分标准，太 2 段、山 1 段、山 2 段、盒 1 段天然气类型为湿气，盒 2 段天然气近干气型，盒 3 段天然气类型为干气。

表 9-3-2　地面天然气组分特征表

气层	相对密度	甲烷（%）	烃类（%）	氮气（%）	二氧化碳（%）	硫化氢（%）	甲烷占烃类含量（%）
盒 3 段	0.5870	94.36	97.56	1.93	0.42	0	96.7
盒 2 段	0.6082	91.93	97.14	1.91	0.74	0	94.6
盒 1 段	0.6359	87.27	96.99	2.40	0.53	0	90.0
山 2 段	0.6372	87.08	97.42	1.87	0.67	0	89.4
山 1 段	0.6463	86.38	96.95	1.39	1.37	0	89.1
太 2 段	0.6419	87.00	95.70	2.08	2.18	0	90.9

2）地面原油特征

气田不同部位、不同层位产出的原油组分、特征相近。地面原油密度均较低，平均值为 0.74~0.79g/cm³；运动黏度低，平均值 0.95~1.33mm²/s；组分为 C_6—C_{25} 烃类，不含蜡质、低含水、微含硫，属凝析油（表 9-3-3）。

表 9-3-3　地面原油性质

气层	地面原油密度（g/cm³）	含水量（%）	含硫量（%）	条件黏度（E50℃）	运动黏度（V50℃）（mm²/s）	初馏点（℃）	样品数（个）
盒 3 段	0.7547	<0.01	0.02	<1.0	1.12	100.6	6
盒 2 段	0.7494	<0.01	0.01	<1.0	0.98	102.5	13
盒 1 段	0.7752	<0.01	0.00	<1.0	0.96	96.0	8
山 2 段	0.7716	<0.01	0.01	1.0	0.95	96.3	13
山 1 段	0.7742	0.19	0.01	<1.0	0.98	91.7	14
太 2 段	0.7810	0.23	0.01	<1.0	1.33	96.6	4

3）地层水性质

根据目前水分析结果，太 2 段、山 1 段、山 2 段、盒 1 段水型均为氯化钙型，说明气藏是封闭系统。各层总矿化度差别较大，但总体而言，自下而上总矿化度逐渐降低（表 9-3-4）。

试采期间，山 1 段、山 2 段有少量地层水产出，气水比分别为 $0.69×10^4 m^3/m^3$（大探 1 井）、$1.99×10^4 m^3/m^3$（大 13 井）。盒 3 段、盒 2 段产水量极低，气水比分别为 $367×1010^4 m^3/m^3$（大 15 井）、$73.6×10^4 m^3/m^3$（大 16 井）、$27.3×10^4 m^3/m^3$（DK1 井）；氯离子分析（小于 1000mg/L），表现为凝析水特征（盒 3 段在试采期间，因产水少，未做全分析，简易分析 Cl^- 330mg/L）。

表 9-3-4　地层水分析结果表

气层	地层水阴阳离子含量（mg/L）						总矿化度（mg/L）	水型	pH 值	样品数（个）	备注
	$K^+ + Na^+$	Ca^{2+}	Mg^{2+}	SO_4^{2-}	HCO_3^-	Cl^-					
盒 1 段	3238	808	79	34	422	6189	10859	$CaCl_2$	6.7	3	试气
山 2 段	9476	2091	1064	5	398	21181	32107	$CaCl_2$	6.5	8	试气
	4130	1801	694	273	1966	10139	19093	$CaCl_2$	7.0	3	试采
山 1 段	16937	11924	586	1	420	50093	83181	$CaCl_2$	6.4	14	试气
	22598	24071	761	0	8712	82458	154117	$CaCl_2$	6.2	7	试采
太 2 段	15738	10628	904	420	787	45362	75294	$CaCl_2$	6.8	6	试气

5. 温度、压力系统

大牛地气田井层的地温资料统计表明，下石盒子组、山西组和太原组，平均温度 83.37～88.22℃，平均地温梯度为 2.86℃/100m，平均地温级度为 34.93m/℃。因此，上古生界气藏属于正常温度系统。DST 压力资料统计结果，平均地层压力系数 0.89～0.99，为低压—常压系统。

6. 气藏类型

气藏埋深 2400～2900m，各气藏均未见明显水层，气藏岩心分析平均渗透率，除盒 3 气层渗透率值大于 1md，属于低渗透气藏外，其他各气藏均属于致密气藏，综合地质特征分析，认为气藏为低渗透—致密砂岩、无边水和底水定容弹性驱动岩性气藏。

二、气藏数值模型的建立

1. 模型粗化

三维地质模型可输入模拟器中进行计算，但一般首先对储层模型进行粗化。由于目前计算机速度的限制，动态数值模拟不可能处理太多的节点，常规的黑油模型模拟的网格节点一般不易超过 50 万个，而精细地质模型节点数可达上百万个甚至上千万个。因此需要对地质模型进行粗化。

根据地质认识成果，利用 PETREL 建立大牛地目标区块的地质模型。根据油藏随机建模的结果，按所划模拟网格和模拟分层，经网格粗化得到了各层的顶底深度、孔隙度、渗透率、网格数据场。地质模型粗化后输出的 ECLIPSE 数据体直接用于数值模拟。

1）平面网格及模拟层的划分

（1）平面网格的划分。

为了尽量减少无效网格节点数以及提高运算速度，考虑区块构造特征，平面上采取角点网格，粗化后 X 方向划分为 90 个网格，步长 50m，Y 方向共划分为 120 个网格，步长 50m，平面上网格总数为 10800 个（图 9-3-1）。

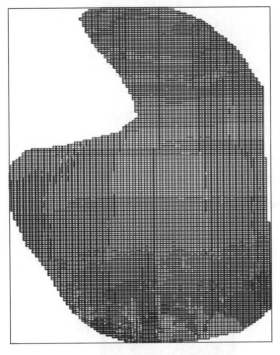

图 9-3-1　大牛地目标区平面网格划分

（2）纵向上网格的划分。

本区目的层气层砂体厚度不均匀，一般在 5~30m，为了真实地模拟气体纵向上的移动，将纵向上划分为 16 层，即 Z 方向为 16 个网格。其中各数模层位与盒 1 段、盒 2 段、盒 3 段、山 1 段、山 2 段、太 1 段以及太 2 段的对应情况，见表 9-3-5 和图 9-3-2。

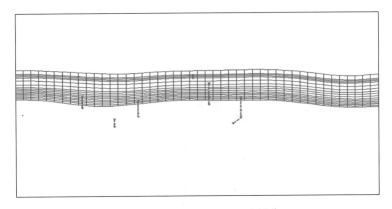

图 9-3-2　目标区纵向网格划分

表 9-3-5　数模层与地质小层对应表

气层	粗化层数	层数小计
盒 3 段	3	3
盒 2 段	3	3

气层	粗化层数	层数小计
盒1段	2	2
山2段	3	3
山1段	4	4
太2段	1	1

（3）总网格数。

根据平面、纵向网格划分结果，数值模拟总节点数为172800（90×120×16）个。

2）粗化后的属性模型

粗化后的构造、渗透率、孔隙度场如图9-3-3至图9-3-6所示。

顶面（m）

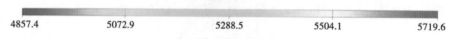

| 4857.4 | 5072.9 | 5288.5 | 5504.1 | 5719.6 |

图9-3-3 构造顶面图

静毛比

| 0.0181 | 0.1080 | 0.1991 | 0.2896 | 0.3801 |

图9-3-4 三维静毛比分布

孔隙度

| 0.0100 | 0.0615 | 0.1130 | 0.1645 | 0.2160 |

图 9-3-5　三维孔隙度分布

渗透率

| 0.01840 | 0.20055 | 0.38270 | 0.54485 | 0.74700 |

图 9-3-6　三维渗透率分布

2. 气藏模型初始化

1）相对渗透率区划分

根据表 9-2-2 渗透率区间划分和对应的气层与气水层相对渗透率曲线，按照地质模型孔隙度、渗透率属性分布图，目标区渗透率小于 1mD，属于低渗透致密砂岩气藏，也就是第一类与第二类，结合目标储层气水层识别结果（表 9-3-6），分别为数值模拟提供相应的标准化处理后的气水相对渗透率曲线，如图 9-2-2 至图 9-2-5 所示。

表 9-3-6　各小层相对渗透率分区表

层号	相对渗透率分区	相对渗透率曲线	层号	相对渗透率分区	相对渗透率曲线
1	第一类	致密气层	9	第二类	近致密气层
2	第二类	近致密气层	10	第二类	近致密气层
3	第二类	近致密气层	11	第一类	致密气水层
4	第二类	近致密气层	12	第一类	致密气水层
5	第一类	致密气层	13	第一类	致密气水层
6	第一类	致密气层	14	第二类	近致密气水层
7	第一类	致密气层	15	第一类	致密气水层
8	第二类	近致密气层	16	第一类	致密气水层

2）流体和岩石岩性参数的确定

（1）气藏基本参数输入。

气藏基本参数主要有储层原始状态下的地层压力，岩石、水、原油压缩系数，油、水的性质等（表9-3-7）。

表 9-3-7　单井模型基本参数表

参数	数值	参数	数值
原始地层压力（MPa）	26.5	气藏顶深（m）	2550
气藏温度（℃）	85	天然气密度（g/m³）	0.785
地层水密度（kg/m³）	1.1	地层水黏度（mPa·s）	0.091
地层水压缩系数（1/MPa）	$4×10^{-5}$	岩石岩缩系数（1/MPa）	$4.397×10^{-5}$

（2）PVT参数。

天然气高压物性数据如图9-3-7所示。

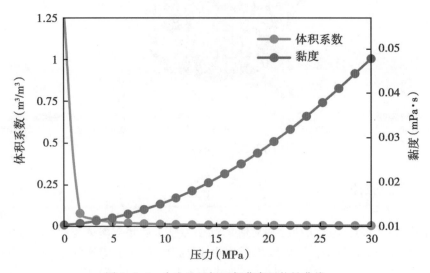

图 9-3-7　大牛地目标区气藏高压物性曲线

（3）井底压力折算。

本次模拟采用井口压力控制生产，因此需要进行井底压力折算。运用 Hangdorn&Brown 和 Gray 模型计算不同产气量、水气比情况下井底压力，生成 VFP 表输入到数模软件中进行井底压力折算，将 VFP 表按气井水气比的大小分为 3 类：第一类为不产地层水，水气比为 $0m^3/10^4m^3$；第二类为产少量地层水，水气比小于 $1m^3/10^4m^3$；第三类为产大量地层水，水气比不小于 $1m^3/10^4m^3$，计算结果如图 9-3-8 所示。

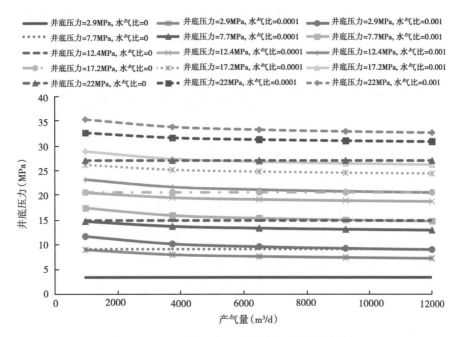

图 9-3-8　大牛地目标区气藏井底压力折算结果

三、气藏开发方案优选研究

以大牛地某区块地质模型为基础，开展气藏开发方案优选研究，分析产水对气藏开发效果的影响，优选合理的开发方案。

1. 开发方案设计

为了保证模拟结果的准确性，设计方案以目前开发井网为基础，保持气藏原有的射孔层位，引入可动水饱和度，准确识别产水层。共设计 4 套模拟开发方案，见表 9-3-8，模拟预测时间 20 年，模拟先定产生产（$1.2 \times 10^4 m^3/d$），再定井口压力生产（3MPa），采用井口压力控制，根据输入的 VFP 表进行插值计算井底压力，根据方案预测的结果对比优选大牛地目标区块最佳的开发方案。

表 9-3-8　开发方案设计表

方案	方案明细
方案 1	原射孔层位模拟生产 20 年
方案 2	只打开低可动水饱和度储层，模拟生产 20 年
方案 3	先打开低可动水饱和度层位生产 5 年，再打开高可动水饱和度层位继续生产 15 年
方案 4	先打开低可动水饱和度层位生产 10 年，再打开高可动水饱和度层位继续生产 10 年

2. 开发方案预测

1) 开发方案 1 预测结果

方案 1 是按照气田原射孔层位，模拟连续生产 20 年，具体生产层位统计表见表 9-3-9。

（1）全区分析。

从预测得到的产气量和累计产气量变化曲线可知（图 9-3-9、图 9-3-10）：该方案气层和气水层同时射孔生产，开发层位多，动用储量大，但多层气水层同时开发容易导致气井在开发过程中大量产水，气藏开发效果受到产水的影响明显，随着气体流量的减小，产出的水无法被完全携带出井筒，导致井筒积液，增加废弃压力，最终导致气井提前报废，该方案预测期末累计产气量为 $2.59×10^8 m^3$，采出程度为 30.5%。

表 9-3-9　2018 年各井生产层位（方案 1）

生产层位	P1	P2	P3	P4	P5	P6	P7	P8	P9
1	—	—	—	—	—	—	—	—	—
2	↑	—	↑	—	—	—	—	—	—
3	—	—	↑	—	↑	—	↑	—	—
4	↑	↑	↑	↑	↑	—	—	↑	—
5	—	—	—	—	—	—	—	—	—
6	—	—	—	—	—	—	—	—	—
7	—	—	—	—	—	—	—	—	—
8	—	↑	—	—	↑	↑	—	—	—
9	—	—	—	↑	—	—	↑	↑	—
10	—	—	—	—	—	—	—	—	↑
11	—	—	—	—	—	—	—	—	—
12	—	↑	—	—	↑	—	—	↑	—
13	—	—	↑	—	↑	↑	↑	↑	↑
14	—	—	—	—	—	—	—	—	—
15	—	—	—	—	—	—	—	—	↑
16	—	—	—	—	↑	—	—	—	—

注：↑代表射开层位，—代表未射开层位。

（2）单井分析。

方案 1 中 P4 井只开发第 4 层和第 9 层对应的气层生产，从预测得到的日产气量和产水量变化曲线可知（图 9-3-11、图 9-3-12）：该井生产过程中只产气不产水，稳产 307d，预测期末累计产气量 $0.35×10^8 m^3$。

方案 1 中 P6 井也只射开两个小层生产，但是包括 1 个气层和 1 个气水层，从预测得到的日产气量和产水量变化曲线可知（图 9-3-13、图 9-3-14）：该井生产初期便开始产水，产水量 $3m^3/d$ 左右，随后逐渐减少，日产气稳产 120d，随着气体流量的减小，携液量越来越少，导致井筒积液，废弃压力增加，开发效果变差，预测期末累计产气量只有 $0.186×10^8 m^3$。

186

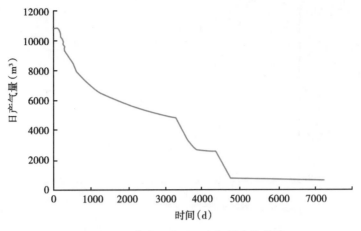

图 9-3-9　方案 1 全区日产气量变化曲线

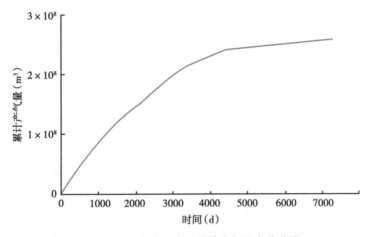

图 9-3-10　方案 1 全区累计产气量变化曲线

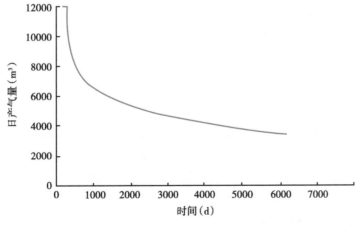

图 9-3-11　方案 1 P4 井日产气量变化曲线

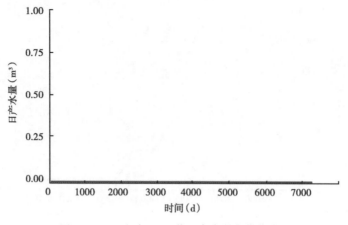

图 9-3-12　方案 1 P4 井日产水量变化曲线

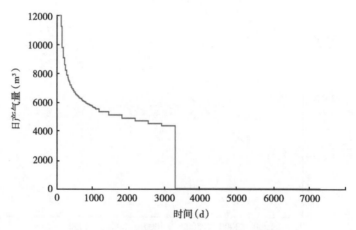

图 9-3-13　方案 1 P6 井日产气量变化曲线

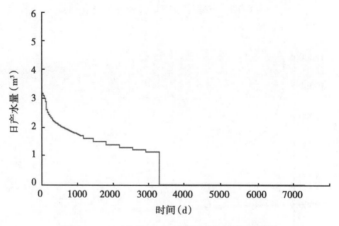

图 9-3-14　方案 1 P6 井日产水量变化曲线

2）开发方案 2 预测结果

方案 2 是只打开低可动水饱和度的生产层模拟连续生产 20 年，具体生产层位统计结果见表 9-3-10。

表 9-3-10　2018 年各井生产层位（方案 2）

生产层位	P1	P2	P3	P4	P5	P6	P7	P8	P9
1	—	—	—	—	—	—	—	—	—
2	↑	—	↑	—	—	—	—	—	—
3	—	—	↑	—	↑	—	↑	—	—
4	↑	↑	↑	↑	↑	—	—	↑	—
5	—	—	—	—	—	—	—	—	—
6	—	—	—	—	—	—	—	—	—
7	—	—	—	—	—	—	—	—	—
8	—	↑	—	—	↑	↑	—	—	—
9	—	—	—	↑	—	—	↑	↑	—
10	—	—	—	—	—	—	—	—	↑
11	—	—	—	—	—	—	—	—	—
12	—	—	—	—	—	—	—	—	—
13	—	—	—	—	—	—	—	—	—
14	—	—	—	—	—	—	—	—	—
15	—	—	—	—	—	—	—	—	—
16	—	—	—	—	—	—	—	—	—

注：↑代表射开层位，—代表未射开层位。

（1）全区分析。

从预测得到的产气量和累计产气量变化曲线可知（图 9-3-15、图 9-3-16），该方案只打开低可动水饱和度的气层生产，射孔开发层位减少，但气井生产过程中不产水或者少量产水，生产未受到气井出水带来的影响，该方案预测期末累计产气量为 $3.03 \times 10^8 m^3$，采出程度为 35.6%。

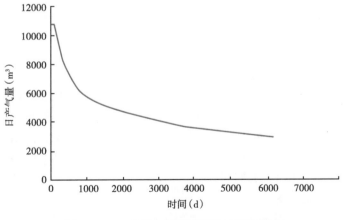

图 9-3-15　方案 2 全区日产气量变化曲线

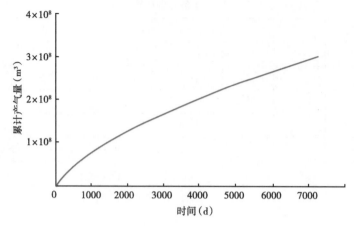

图 9-3-16   方案 2 全区累计产气量变化曲线

（2）单井分析。

方案 2 中 P5 井只打开了低可动水饱和度的第 3 层、第 4 层和第 8 层生产，关掉了高可动水饱和度的层位。从预测得到的日产气量和产水量变化曲线可知（图 9-3-17、图 9-3-18），该井生产过程中只产气不产水，虽然射开层位减少，产气量较方案 1 小，稳产天数也变短，稳产期由 1095 天减少到 699 天，但气井不产水，未受到气井出水带来的不利影响，预测期末累计产气量由 $0.389 \times 10^8 \mathrm{m}^3$ 增加到 $0.437 \times 10^8 \mathrm{m}^3$，多产出了 $0.048 \times 10^8 \mathrm{m}^3$ 天然气。

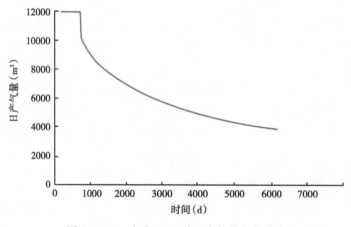

图 9-3-17   方案 2 P5 井日产气量变化曲线

方案 2 中 P6 井只打开了低可动水饱和度的第 8 层生产，关掉了高可动水饱和度的层位。从预测得到的日产气量和产水量变化曲线可知（图 9-3-19、图 9-3-20）：该井生产过程中只产气不产水，虽然射开层位减少，产气量较方案 1 小，稳产天数也变短，但气井不产水，未受到气井出水带来的不利影响，预测期末累计产气量由 $0.186 \times 10^8 \mathrm{m}^3$ 增加到 $0.239 \times 10^8 \mathrm{m}^3$，多产出了 $0.053 \times 10^8 \mathrm{m}^3$ 天然气。

3）开发方案 3 预测结果

方案 3 是先打开低可动水饱和度的生产层生产 5 年，再补射开高可动水饱和度的生产层位模拟生产 15 年，生产层位统计见表 9-3-11。

190

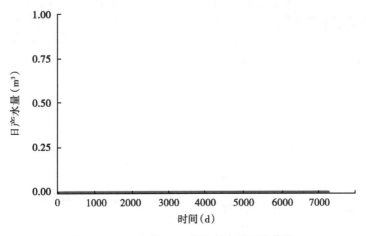

图 9-3-18　方案 2 P5 井日产水量变化曲线

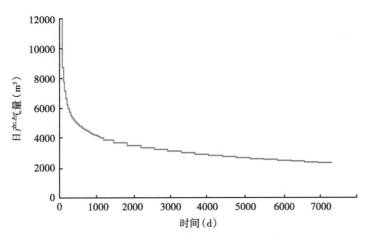

图 9-3-19　方案 2 P6 井日产气量变化曲线

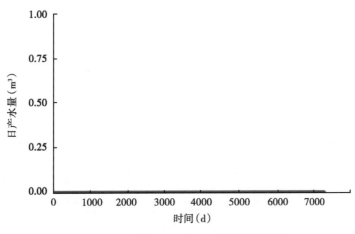

图 9-3-20　方案 2 P6 井日产水量变化曲线

表 9-3-11　2018 年各井生产层位（方案 3）

生产层位	P1	P2	P3	P4	P5	P6	P7	P8	P9
1	—	—	—	—	—	—	—	—	—
2	↑	—	↑	—	—	—	—	—	—
3	—	—	↑	—	↑	—	↑	—	—
4	↑	↑	↑	↑	↑	—	—	↑	—
5	—	—	—	—	—	—	—	—	—
6	—	—	—	—	—	—	—	—	—
7	—	—	—	—	—	—	—	—	—
8	—	↑	—	—	↑	↑	—	—	—
9	—	—	—	↑	—	—	↑	↑	—
10	—	—	—	—	—	—	—	—	↑
11	—	—	—	—	—	—	—	—	—
12	—	o	—	—	o	—	—	o	—
13	—	—	o	—	o	o	o	o	o
14	—	—	—	—	—	—	—	—	—
15	—	—	—	—	—	—	—	—	o
16	—	—	—	o	—	—	—	—	—

注：↑代表射开层位，—代表未射开层位，o 代表产能接替层位。

（1）全区分析。

从模拟预测得到的产气量和累计产气量变化曲线可知（图 9-3-21、图 9-3-22），该方案先打开低可动水饱和度的气层生产，后补射高可动水饱和度的生产层位接替产能，气井刚开始生产过程不产水或者少量产水，生产未受到气井出水带来的影响，补射开气水层之后，气井开始产水，生产受到出水的影响，提前报废，该方案预测期末累计产气量为 2.997×$10^8 m^3$，采出程度为 35.3%。

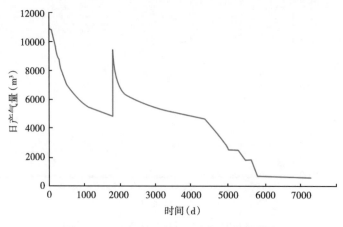

图 9-3-21　方案 3 全区日产气量变化曲线

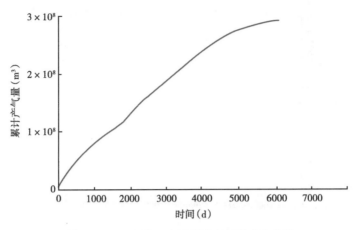

图 9-3-22　方案 3 全区累计产气量变化曲线

（2）单井分析。

方案 3 中 P5 井先打开了低可动水饱和度的第 3 层、第 4 层和第 8 层生产 5 年，再补射开高可动水饱和度的第 12 层、第 13 层和第 16 层。从预测得到的日产气量和产水量变化曲线可知（图 9-3-23、图 9-3-24），该井开始只产气不产水，补射高可动水饱和度的生产层进行产能接替后，产气量增加，气井同时产水，随着气体流量的减小，产出的水无法被完全携带出井筒，导致井筒积液，增加废弃压力最终导致气井提前报废，预测期末累计产气量 $0.451×10^8 m^3$，比方案 1 多产出了 $0.062×10^8 m^3$ 天然气，比方案 2 多产出了 $0.014×10^8 m^3$ 天然气。

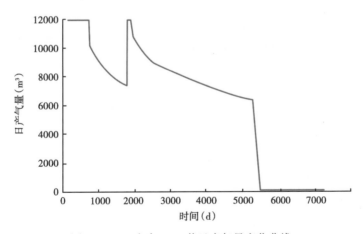

图 9-3-23　方案 3 P5 井日产气量变化曲线

方案 3 中 P6 井先打开了低可动水饱和度的第 8 层生产 5 年，再补射开高可动水饱和度的第 13 层。从预测得到的日产气量和产水量变化曲线可知（图 9-3-25、图 9-3-26），该井开始生产只产气不产水，补射高可动水饱和度的生产层进行产能接替后，产气量增加，气井同时产水，随着气体流量的减小，产出的水无法被完全携带出井筒，导致井筒积液，增加废弃压力最终导致气井提前报废，预测期末累计产气量 $0.234×10^8 m^3$，比方案 1 多产出了 $0.048×10^8 m^3$ 天然气，比方案 2 少产出了 $0.005×10^8 m^3$ 天然气。

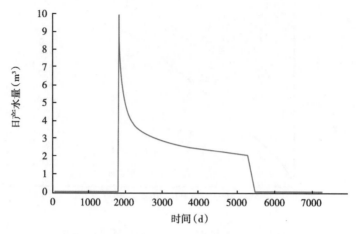

图 9-3-24　方案 3 P5 井日产水量变化曲线

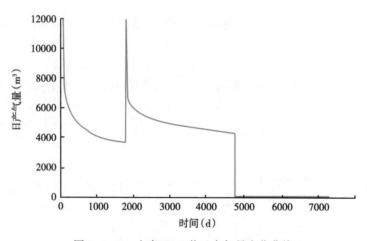

图 9-3-25　方案 3 P6 井日产气量变化曲线

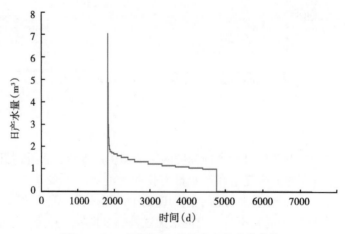

图 9-3-26　方案 3 P6 井日产水量变化曲线

4) 开发方案 4 预测结果

方案 4 是在方案 3 基础上，考虑是否需要增加低可动水饱和度层位开采年限，先打开低可动水饱和度的生产层生产 10 年，再补射开高可动水饱和度的生产层位继续模拟生产 10 年。

（1）全区分析。

从预测得到的产气量和累计产气量变化曲线可知（图 9-3-27、图 9-3-28），该方案先打开低可动水饱和度的气层生产 10 年后，再补射高可动水饱和度的生产层位接替产能，气井刚开始生产过程不产水或者少量产水，生产未受到气井出水带来的影响，补射开气水层之后，气井开始产水，生产受到出水的影响，该方案预测期末累计产气量为 $3.24×10^8\,m^3$，采出程度为 38.1%。

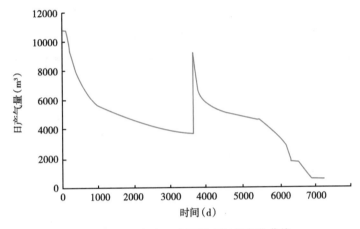

图 9-3-27　方案 3 全区日产气量变化曲线

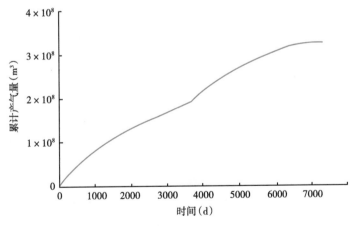

图 9-3-28　方案 3 全区累计产气量变化曲线

（2）单井分析。

方案 4 中 P5 井先打开了低可动水饱和度的第 3 层、第 4 层和第 8 层生产 10 年，再补射开高可动水饱和度的第 12 层、第 13 层和第 16 层。从预测得到的日产气量和产水量变化曲线可知（图 9-3-29、图 9-3-30），该井开始生产只产气不产水，补射高可动水饱和度的生产层进行产能接替后，产气量增加，气井同时产水，随着气体流量的减小，产出的水无法被

195

完全携带出井筒，导致井筒积液，增加废弃压力最终导致气井提前报废，预测期末累计产气量 $0.477 \times 10^8 m^3$，比方案1多产出了 $0.088 \times 10^8 m^3$ 天然气，比方案2多产出了 $0.04 \times 10^8 m^3$ 天然气，比方案3多产出了 $0.026 \times 10^8 m^3$ 天然气。

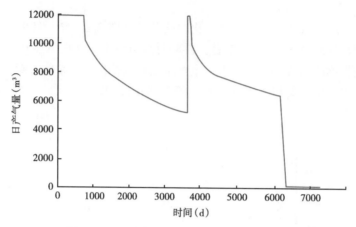

图 9-3-29　方案 4 P5 井日产气量变化曲线

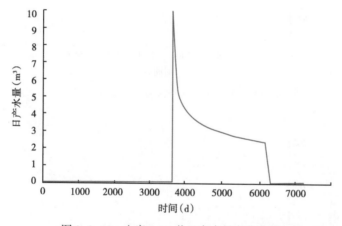

图 9-3-30　方案 4 P5 井日产水量变化曲线

　　方案4中P6井先打开了低可动水饱和度的第8层生产10年，再补射开高可动水饱和度的第13层。从预测得到的日产气量和产水量变化曲线可知（图9-3-31、图9-3-32），该井开始生产只产气不产水，补射高可动水饱和度的生产层进行产能接替后，产气量有所增加，气井同时产水，随着气体流量的降低，产出水无法被完全携带出井筒，导致井筒积液，增加废弃压力最终导致气井提前报废，预测期末累计产气量 $0.265 \times 10^8 m^3$，比方案1多产出了 $0.079 \times 10^8 m^3$ 天然气，比方案2多产出了 $0.026 \times 10^8 m^3$ 天然气，比方案3多产出了 $0.031 \times 10^8 m^3$ 天然气。可见方案4的开发效果更好。

3. 开发方案预测分析

1）全区分析

　　从预测结果来看，综合考虑产气量、产水量、采出程度、地层压力等指标，在这四个方案中，方案4的开发效果最好，先打开气层（低可动水饱和度）生产10年后，再打开气水

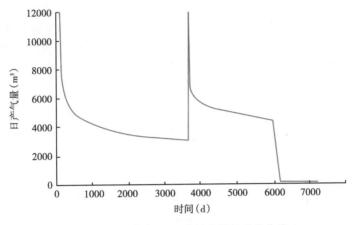

图 9-3-31　方案 4 P6 井日产气量变化曲线

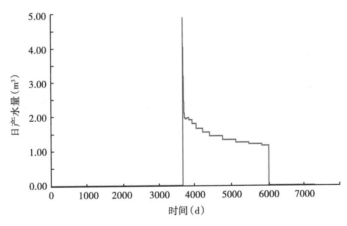

图 9-3-32　方案 3 P6 井日产水量变化曲线

层（高可动水饱和度）生产，预测期末采出程度较气藏历史生产方案 1 提高了近 8%，效果非常显著，而且方案 2 和方案 3 较方案 1 期末采出程度也提高了 5% 左右（图 9-3-33），可见准确识别气水层，分层分期开采可以有效提高致密砂岩气藏的最终采出程度。

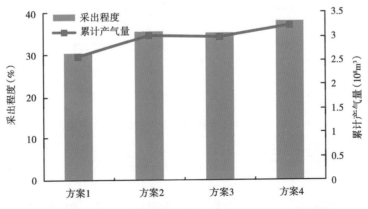

图 9-3-33　大牛地目标区块气藏 4 套开发方案预测结果对比

2）单井分析

对比分析 P7 井各方案预测得到累计产气量可知（图 9-3-34），方案 4 时累计产气量最大，开发效果最好，累计产气量较单开气层时增加了 $0.07×10^8 m^3$；对比分析 P9 井各方案预测得到累计产气量可知（图 9-3-35），虽然方案 4 时累计产气量最大，开发效果最好，但累计产气量较单开气层时仅增加了 $0.02×10^8 m^3$，考虑处理气井产水带来的成本，认为只射开气层生产更经济可行。因此对于含有气层、气水层多层的气藏，可以考虑先开采气层，在合适的时候再开发气水层（一定的产水量），从而达到后期补充能量开采的效果，进而实现采收率最大化。

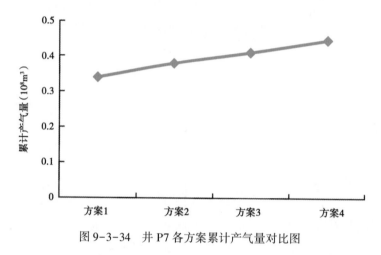

图 9-3-34　井 P7 各方案累计产气量对比图

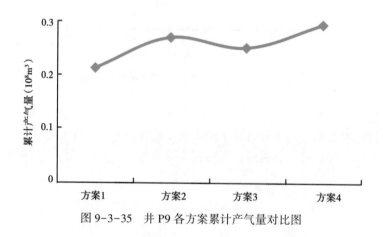

图 9-3-35　井 P9 各方案累计产气量对比图

参 考 文 献

[1] 赵文智，王红军，徐春春，等. 川中地区须家河组天然气藏大范围成藏机理与富集条件 [J]. 石油勘探与开发，2010，37（2）：146-157.

[2] 田冷，何顺利，刘胜军，等. 广安地区须家河组气藏气水分布特征 [J]. 天然气工业，2009，29（6）：23-26.

[3] 高树生，侯吉瑞，杨洪志，等. 川中地区须家河组低渗透砂岩气藏产水机理 [J]. 天然气工业，2012，32（11）：40-42.

［4］黄炳光，刘蜀知，唐海，等．气藏工程与动态分析方法 ［M］. 北京：石油工业出版社，2004.

［5］杨继盛．采气工艺基础 ［M］. 北京：石油工业出版社，1992.

［6］杨继盛，刘建仪．采气实用计算 ［M］. 北京：石油工业出版社，1994.

［7 杨川东．采气工程 ［M］. 北京：石油工业出版社，1997.

［8］陈家琅．石油气液两相管流 ［M］. 北京：石油工业出版社，1988：1-58.

［9］陈宣政．垂直上升管内油气水三相流动特性研究 ［D］. 西安：西安交通大学，1991.

附录　单位换算

1. 长度

厘米（cm）	米（m）	千米（km）	英寸（in）	英尺（ft）
1	0.01	10^{-5}	0.3937	0.03281
100	1	0.001	39.37	3.281
10^5	1000	1	39370	3281
2.54	0.0254	2.54×10^{-5}	1	0.0833
30.48	0.3048	0.0003048	12	1

2. 体积

毫升（mL）	升（L）	立方米（m^3）	立方英寸（in^3）	立方英尺（ft^3）
1	0.001	10^{-6}	0.06103	3.53×10^{-5}
1000	1	0.001	61.03	0.0353
10^6	1000	1	6.103C	35.32
16.4	0.0164	1.64×10^{-5}	1	5.79×10^{-4}
2.832×10^4	28.32	0.0283	1728	1

3. 压力

千帕斯卡（kPa）	兆帕（MPa）	大气压（atm）	磅/英寸^2（psi）
1	0.001	0.00986	0.145
1000	1	9.86	145
101.4	0.1014	1	14.70
6.895	0.006895	0.068	1

4. 渗透率

$1D = 1000mD = 0.987\mu m^2 = 0.987 \times 10^{-12} m^2$

5. 产量

$1m^3/d = 1.16 \times 10^{-5} m^3/s = 11.6mL/s = 696mL/min$